KB235572

여행, 박물관 빼놓고는 상상하지마라

# 도움주신 곳

**박물관 본문 사진의 일부를 제공해 주었습니다.**

조선민화박물관 수원박물관 백범김구기념관 보부상전시관 떡박물관 술박물관리쿼리움 서울약령시
한의약박물관 국립해양유물전시관 목포근대역사관 대가야박물관 국립제주박물관 쇳대박물관 소금
박물관 온양민속박물관 안동대학교박물관 한국등잔박물관 강화역사관 장생포고래박물관 우정박물
관 국립등대박물관 고성탈박물관 화폐박물관

**박물관 플러스의 주변 여행지 여행 정보 사진을 제공해 주었습니다.**

한국관광공사 서울시청 고령군청 고성군청 엑스포과학공원 목포시청 안동시청 영월군청 예산군청
용인시청

**안내도 읽기**

박물관 플러스에 소개된 안내도는 박물관에서 반경 20km(서울은 2km) 내외의 여행지를 표기한
개념도입니다. 독자의 이해를 위한 것으로 정확한 실측 지형도는 아닙니다. 또한, 도로상황에 따라
지도에 표기된 목적지까지의 거리와 실재 주행거리는 차이가 날 수 있습니다.

# 여행, 박물관 빼놓고는 상상하지마라

글 · 사진 **이병학**

꿈의지도

# 박물관에서 떼는 여행의 첫걸음

모처럼 떠난 여행. 이번에야말로 기필코, 아무 것도 안 하고 푹 쉬기만 하겠다는 목표는 번번이 수포로 돌아가기 마련이다. 제대로 쉬지도 놀지도 보지도 못하고, 일정은 어그러지기 일쑤다. 보람찬 여행이란, 돌아와 생각해 볼 때 휴식이든 경치든 음식이든 한 두 가지는 확실히 챙겨왔다는 느낌이 드는 여행 아닐까. 자녀를 동반한 가족여행일 때 특히 그렇다. 자녀도 부모도 기억에 남고 가슴에 남는 여행을 떠나고 싶어 한다.

여행 분야 일을 하다 보니, 주위에서 갈 만한 여행지나 일정에 대한 문의를 자주 받는다. 가장 큰 관심을 보이는 건 역시 보고 느끼고 먹고 즐기는 것들이다. 요약하면, 핵심이 되는 여행지를 중심으로, 주변에 먹을 만한 음식과 둘러볼 만한 게 무엇이 있나 하는 것이다. 친한 친구들은 심지어 "야, 너 가려고 숨겨둔 끝내 주는 여행지 있잖아? 빨리 불어 임마" 하고 협박하기도 한다. 나는 이럴 때 특별한 장소나 먹을거리를 추천하기보다는, 어디로 가든 그곳 역사와 문화유적에 대해 잠깐이라도 공부하고 떠나라는 말을 한다. 푹 쉬기 위해 떠나는 데 웬 공부? 그렇지 않다. 알고 떠나야 한다. 푹 쉬다 오든 놀고먹다 오든, 자신이 어떤 고장 어떤 장소에 머물다 왔는지는 알아야 기억에 남는다.

우리나라는 전 국토가 선조들의 손길과 발길이 스친 문화유적이라 해도 지나친 말이 아니다. 경치 좋은 곳도, 놀기 좋은 곳도, 개발하고 재개발하고 파헤친 곳도 조금만 들여다보면 다 역사·문화 이야기가 깃들어 있다. 인터넷 뒤지고, 시·군청 홈페이지 뒤지면 그 고장 문화와 역사에 대한 이야기가 줄줄 흘러나온다. 그리고 또, 한 고장을 확실하게 이해하는 빠른 방법은 바로, 그 지역 유물들을 보유한 박물관을 찾는 것이다. 전국 시·군에 박물관 없는 곳이 없다. 분야와 전시물은 가지각색이지만 그 지역의 특징을 보여주는 박물관들이 대부분이다. 일부 지자체는 무려 10~20개의 박물관들을 보유해, 박물관 테마 여행지로 인기를 끌기도 한다.

이 책은 박물관 자체에 관심 가진 이들을 위한 책이라기보다, 각 고장을 방문하는 일반 여행자, 특히 가족여행자들을 위한 것이다. 먼저 그 지역 박물관에 깃발을 꽂고, 여행을 시작해 보라. 지역 여행의 첫발을 박물관에서 내딛는 것이다. 쉬고 놀기 전에, 확실히 느끼고 배우며 가슴을 채운다면, 휴식의 달콤함도 여행의 보람도 훨씬 진하고 풍성해질 게 틀림없다.

이 책에서 다룬 박물관들은, 소장 유물은 많지 않아도 흥미진진한 볼거리가 있거나, 특별한 이야깃거리가 있는 곳들이다. 덜 알려졌으면서도 저마다 특색이 있는 전시물을 자랑하는 곳을 골

랐다. 대규모 종합박물관이나 지나치게 유명세를 탄 박물관은
제외했다. 박물관에는 대개 전시물에 대한 해박한 지식을 갖춘
해설사가 기다린다. 다양한 체험 프로그램도 마련해 두고 있다.
어느 박물관에 들르든지 꼭 해설을 요청해, 전시물 이면에 숨은
이야기를 들어보시길 권한다. 여행의 보람도 즐거움도 한결 커
질 것이다.

　다양한 아이디어와 열정으로 알차게 책을 꾸며주신 꿈의지도
편집진에게 진심으로 고마움을 전한다.


2010년 7월<br>이병학

# 차례

설날아침 떡국 한 그릇. 떡국과 함께 자라 함께 나이 들어간다. '떡 하나 주면 안 잡아먹지' 동화 속 떡세상이 여기 있다. 볼수록 군침 돌지만 속지들 마시라. 진짜 같지만 모형이다.

# 호랑이도 좋아했던 떡의 나라

## 떡박물관

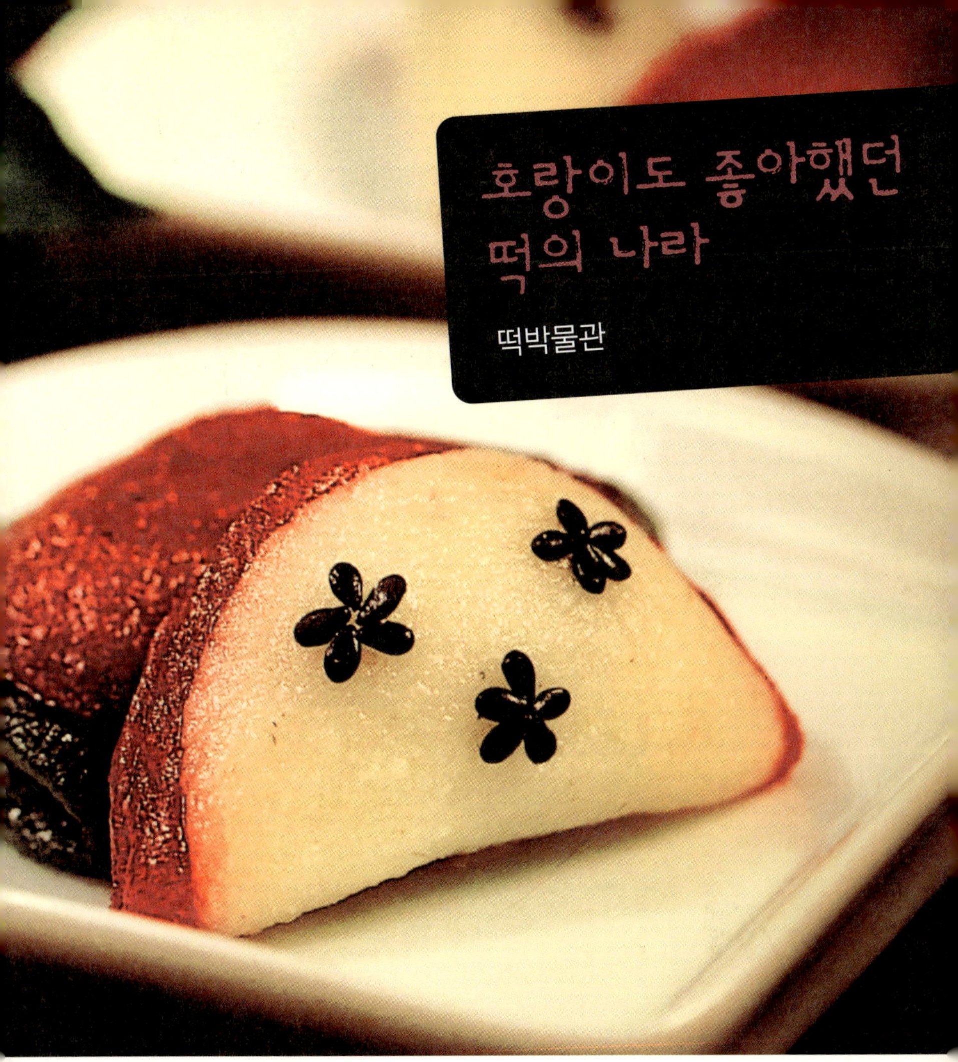

**주소** 서울시 종로구 와룡동 164-2. **홈페이지** www.tkmuseum.or.kr **전화** 02-741-5447 **관람시간** 월~토요일 10~17시, 일요일 12~17시 **관람료** 어른 3000원, 초중고생 2000원 **전시물** 우리나라 전통 떡 모형과 관혼상제 상차림, 떡판 · 절구 · 떡살 등 떡 만드는 도구들. **체험행사** 떡 만들기(20인 이상 단체), 초중고생 1인 1만원 · 대학생 이상 1만5000원, 외국인 체험(10명 이상)은 1인 3만원

이병학 기자의 추천 지수
체험성
전시물 수준
독창성
주변 여행지
아동 선호도

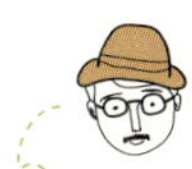

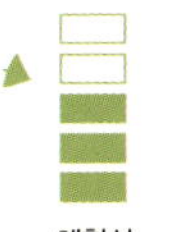

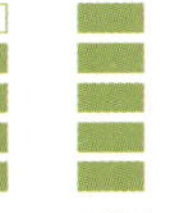

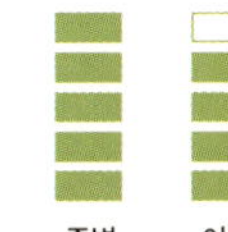

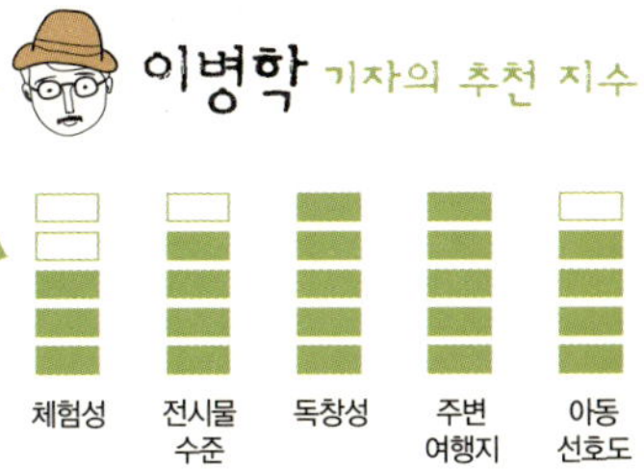

:: 설날 아침, 우리 모두 일제히 떡국 한 그릇씩 비우고, 마침내 한 살씩 더 먹었다. 떡국을 먹어온 만큼 나이를 먹었다. 떡국과 함께 자라서 떡국과 함께 나이 들어간다. 지금까지 자셔온 가래떡의 길이만큼 다들 기~일게 오래 오래 사시길. 우리나라는 떡의 나라다. 남자도 여자도, 어르신도 아이도, 호랑이도 옥토끼도 떡을 좋아해서, 명절에도 먹고, 생일에도 먹고, 제삿날에도 먹었다. 계절마다, 절기마다 수시로 떡을 치고 빚고 쪄 먹었다. 삼국시대 이전부터 대대로 해먹어온 떡, 전통 떡의 종류가 200가지를 넘는다고 한다. 떡박물관을 찾아가 여러 가지 떡들을 만나보았다. 참으로 예쁘고 먹음직스럽고 우아한 떡들이 모여 있었다. 2층과 3층, 크지 않은 전시실을 돌며 떡들과 떡판, 떡메, 절구 등을 구경하는 데 한 시간이나 걸렸다. 모양도 색깔도 이름도 가지가지다. 만나 보면 일단 군침이 돌긴 하지만, 진짜처럼 만든 모형 떡들이다.

## 귀신 쫓길 기원하는 붉은색 수수나 팥떡은 제삿상에 '금물'

10층짜리 한국전통음식연구소 건물 2, 3층이 떡박물관이다. 3층부터 둘러보면서 떡과 떡을 사랑한 우리 선조들의 생활과 문화를 만나 보자. 3층은 통과의례관이다. 통과의례란 태어나 성인이 되어 결혼하고 살다 죽음에 이를 때까지 겪는 주요 의식을 말

    여행, 박물관 빼놓고는 상상하지 마라

한다. 관례·혼례·상례·제례가 대표적인 의례다. 먼저 만나는 것이 혼례 관련 상차림이다. 화려한 장식이 돋보이는 개성식 폐백과 혼례식 모습을 재현해 놓았다. 신랑·신부가 받는 상차림엔 곶감·밤·대추가 오른다. 모두 다산을 기원하는 뜻을 담은 음식이다. 혼례식 전날 신랑 집에서 신부 집으로 보내는 함도 있다. 떡박물관 김태연(28) 학예사가 함 밑에 놓인 상자를 가리키며 설명했다.

"봉치떡을 담은 떡함입니다. 봉치떡은 신부 집에서 함을 받을 때 준비하는 떡이죠. 함을 떡함 위에 올려놓고 풀어서 내용물을 확인한 뒤 함꾼들을 대접했습니다."

상차림은 아기 백일상을 거쳐 돌상으로 이어진다. 여러 떡들

돌상. 백설기는 순수함과 장수, 수수팥떡은 액을 물리친다는 토속적인 믿음에서 비롯된 풍습이다.

❶ 함지박에 담긴 혼례용 인절미.
❷ 오색경단. 콩가루, 계핏가루, 푸르대콩가루, 삶은 밤가루, 검은깨가루의 다섯 가지 고물을 따로따로 묻힌 경단.

이 푸짐하게 올라 있다. 백설기는 순수함과 장수를 뜻하고, 오색 송편은 아이가 품어갈 꿈을 상징한다. 붉은 수수팥떡은 사악한 귀신을 물리쳐, 건강하게 자라라는 기원을 담고 있다. 송편은 소를 넣은 것과 넣지 않은 것을 함께 올렸는데, "씹었을 때 소가 있으면 속이 꽉 찬 사람이 되라는 당부를, 소가 없으면 마음이 넓은 사람이 되라는 당부를 담고 있다"고 한다. 돌상엔 음식과 함께 아이가 집어들어, 부모·친척의 마음을 만족시킬 국수·실(장수), 책·벼루·종이(학자·선비), 화살(장군), 돈(부자) 등을 함께 올렸다.

서당에서 공부하던 학생이 책 한권을 뗐을 때 스승께 고마운 마음을 표시하며 동료와 함께 나눠먹던 책례(책걸이) 상엔 국수와 오색경단·송편·시루떡이 푸짐하게 놓인다. 술안주상인 관례(성인식) 상차림과, 수명이 길어지면서 요즘엔 거의 차리지 않는 회갑연 상차림, 조상들께 올리는 상례·제례 상차림을 차례로 만난다. 제삿상엔 붉은색의 수수나 팥떡은 절대금물(귀신을 쫓으므로)로 치지만, 극히 일부 지역에선 붉은 팥시루떡을 올리는 경우도 있다고 하니 전통과 관습이 시대와 지역에 따라 달리 전해져 옴을 알 수 있다.


## 삼국시대 이전부터 떡 만든 흔적이…


차를 우려 마시는 도구와 녹차단자·녹차인절미 등 차를 넣어 만든 맛있게 생긴 떡들을 보고 발길을 옮기면 동화책 떡 세상이 펼쳐진다. 한석봉 이야기(어머니의 떡 써는 솜씨와 한석봉의 글씨), 이성계 이야기(조랭이떡의 유래), 팥죽 할머니(호랑이와 팥죽 잘 쑤는 할머니), 해님 달님('떡 하나 주면 안 잡아먹지'와 썩은 동아줄) 등 전래동화에 등장하는 대표적인 떡들과 얽힌 이야기들을 두루 살펴볼 수 있다.

떡의 색깔은 어떻게 만들어 낼까. 3층 전시관 중앙에 전시된 '여러 가지 떡 재료'를 살펴보면 알 수 있다. 곡식·씨앗·열매 등 30여 가지의 떡 재료들을 작은 유리병에 담아 전시하고 있다. 노란색을 낼 땐 치자나 단호박을, 분홍색은 오미자·백년초·딸깃가루 등을 쓴다. 쑥가루로는 녹색을, 계피가루는 갈색을 낸다. 함지박과 절구, 떡판, 찬장을 보고 2층으로 내려온다. 계단 벽엔 새로 개발한 떡 사진들을 걸어놨다.

진달래화전. 찹쌀가루를 익반죽하여 둥글게 빚은 다음 진달래 꽃잎을 얹어 기름에 지져 먹는 음식.

　2층 전시관은 본격적인 떡 전시관이다. 떡의 종류와 유래, 발달과정 등 떡에 관한 전반적인 내용들을 훑으면서, 실물을 빼닮은 각양각색의 떡 모형을 살펴볼 수 있다. 우리나라에서 떡을 만들어먹은 흔적은 삼국시대 이전부터 확인된다고 한다. 청동기시대 유적인 나진초도패총과 삼국시대 고분군에서 출토된 시루가 그 증거물이다. 쌀과 여러 곡물의 생산량이 늘면서 떡은 한층 다양해진다. 고려시대 들어 상류층의 별식이나 세시행사와 제사음식에서 벗어나 일반 대중의 간식으로 널리 보급된 것으로 추측된다. 조선시대에 들어와선 떡이 관혼상제 의례와 각종 연회의 필수 음식으로 자리잡으면서 종류도 모양도 다양한 전통 먹을거리로 발전해 왔다.

　떡은 만드는 방식에 따라 크게 찐떡, 친떡, 지진떡, 삶은떡 네 가지로 나뉜다. 2층 전시관에 이 네 가지 떡들의 모형이 지역별 종류별로 전시돼 있다. 물에 불린 멥쌀이나 찹쌀을 빻아 가루를 시루에 안치고 김으로 익혀 내는 무시루떡·느티떡·국화병·두텁떡·깨찰편 등이 찐떡에 속하고, 찹쌀 등을 쪄서 절구나 떡판 등에 쳐서 만드는 인절미·흰떡·절편·차륜병 등은 친떡에 포함된다. 지진떡에는 찹쌀가루를 반죽해 기름에 지지는 화전·전병·부꾸미 등이 있다. 삶은떡은 끓는 물에 삶아 건진 뒤 고물을 묻혀 만드는 것으로 경단·대추단자·오메기떡 등이 있다.

❶ 도행병. 멥쌀가루, 찹쌀가루에 복숭아즙, 살구
즙을 넣고 버무려 시루에 찐 떡.
❷ 찹쌀수수 부꾸미. 곡물가루를 익반죽하여 소
를 넣고 반달 모양으로 납작하게 빚어 기름에 지
진 떡.
❸ 팥고물 시루떡. 멥쌀가루에 삶은 팥을 켜켜로
얹어 쪄서 고사나 이사 등 액막이 때 쓰이는 대
표떡.

## 지역마다 '천차만별'…강원도엔 도토리 송편도

우리 민족은 철마다 절기마다 풍년·무병장수·액막이 등의
의미를 부여한 특색있는 떡을 해먹으며 1년을 지냈다. 봄엔 진달
래꽃 등 꽃잎을 따 곁들인 화전이나 취떡 등을, 여름엔 술을 넣
어 발효시켜 만든 증편을, 가을엔 햅쌀로 송편을 빚어 조상들께
감사드리며 이웃과 나눠먹었다. 겨울엔 떡 옹심이를 넣은 팥죽
과 흰떡(가래떡)을 뽑아 떡국을 끓여 먹었다. 설날 아침에 흰 떡
국을 끓여 먹는 것은, 1년 동안 때묻지 않고 밝고 좋은 일만 생
기라는 기원이 담겨 있고, 떡을 엽전모양으로 둥글납작하게 써

절편. 흰 떡을 꽃무늬 등이 있는 둥글거나 네모
난 판에 박아 모양 있게 만든 떡.

는 것은 부자가 되게 해달라는 소망을 담고 있다고 한다.

김 학예사는 "중화절(음력 2월1일)엔 특별히 노비송편이라 하여, 커다란 송편을 만들어 노비에게 그 나이만큼 송편을 먹게 하는 풍습이 있었고, 단오 땐 바퀴처럼 둥글게 구르며 여름을 잘 넘기라는 뜻으로 수리취떡(차륜병)을 해먹었다"고 말했다. 수리취떡이란 수레바퀴 모양의 떡살을 찍어 만든 취떡이다. 떡살 무늬도 여러 가지인데, 격자무늬 떡살은 무병장수 기원의 뜻을 담고 있다. 대표적인 가을 명절떡인 송편의 경우 형태와 크기가 지역에 따라 큰 차이를 보인다. 서울·경기지역에선 한입에 쏙 들어가는 아담한 크기에 다섯 색깔을 내 만든 오색송편을, 평안도 해안지역에선 조개껍질 모양을 한 조개송편을 만든다. 강원도에선 쌀 송편말고도 도토리가루를 재료로 쓴 도토리 송편도 만든다.

2층 전시관엔 장독대, 아궁이가 딸린 전통 부엌, 쌀을 담아두던 뒤주, 김치광 모습도 재현돼 있다. 전시관 한가운데 닥종이 인형들로 재현해 놓은 씨름대회, 창포물에 머리감기, 그네 타기, 차륜병 떡 만드는 모습 등 단옷날 풍습도 볼거리다. 대형 떡판과 떡메, 맷돌과 매판, 체, 돌절구, 나무절구, 키, 대바구니, 함지박, 디딜방아 등은 직접 민가에서 사용하던 것을 수집한 것으로 모두 반질반질하게 닳고 꾀죄죄하게 손때가 묻은 것들이다.

❶ 평안도 해안지역의 조개송편.

❷ 꽃무늬로 장식한 달떡.

❸ 백일상. 흰 백설기는 순수함을, 오색 송편은 꿈을, 붉은 수수팥떡은 나쁜 기운을 물리친다는 뜻을 담고 있다.

❹ 닥종이인형으로 만든 맷돌질 모습.

❺ 장미화전

❻ 조랭이떡국 상차림

❼ 떡 만드는 전통 도구들.

❽ 빗살 문양의 떡살.

❾ 떡살. 떡의 문양을 찍어내는 도구.

❿ 회갑례 상차림에 올린 여러 무늬의 다식.

# 박물관✛

떡박물관은 종묘 맞은편에 있다. 북쪽으로 몇 걸음만 더 보태면 창덕궁과 이어져 있다. 따라서 떡박물관과 종묘, 창덕궁을 이으면 반나절 여행지로 안성맞춤이다. 악기에 대한 관심이 많다면 낙원상가의 악기점을 돌아보는 것도 괜찮다. 낙원동에는 종로떡집(02-730-8826 www.jongroricecake.com)과 낙원떡집(02-741-6691 www.nakwonfood.co.kr)처럼 오래된 떡집도 있어 박물관에서 보았던 떡 맛을 실제로 맛볼 수도 있다.

### 가이드 및 체험 프로그램

박물관에 떡해설사가 상주한다. 보는 것만으로 부족한 이들에게는 떡 만들기 체험이 있다. 꽃산병, 고깔떡 등 10여가지 떡을 직접 만들어 나누어 먹는 프로그램. 단체 체험이 없는 주말을 이용해 가족 단위 가능. 사전 문의와 예약은 필수. 요금은 체험 떡 종류에 따라 약간씩 다르지만, 보통 한 가족 기준 3만원.

### 축제 및 연계 프로그램

2003년부터 매년 5월이면 세계 떡산업 박람회가 열린다. 우리 전통의 떡 한과와 세계의 떡이 한자리에 모이는 떡잔치. 주요 프로그램으로는 전통떡 만들기 시연과 체험, 떡퀴즈, 팔도의 향토떡 시식, 세계의 쌀요리 전시 등으로 구성. 박람회의 백미는 떡 만들기 대회. 예선을 통과한 참가자들이 벌이는 떡 대결이 볼만하다.

### 연관 박물관

**한과문화박물관** 경기도 포천에 있다. 떡과 어울리는 유과, 약과와 같은 전통 한과를 만나고 체험하는 공간. 한과의 제작과정과 관련 문화가 전시되어 있다. 박물관과 함께 있는 한과문화교육관에서 한과 만들기, 다례교육 등을 체험할 수 있다. ☎ 031-533-8121 www.hangaone.com

### 연관 투어

떡박물관에서 느낀 전통의 아름다움을 이어가보자. 서울에서 유일하게 전통한옥들이 모여 있는 북촌. 좁고 굽이진 골목길 사이사이에 숨은 역사유적과 박물관을 엿보는 재미도 쏠쏠하다. 북촌한옥체험관, 티(Tea) 한옥체험관을 비롯한 6곳에서 한옥체험 진행. 체험과 북촌 투어 코스는 북촌문화센터(http://bukchon.seoul.go.kr)에 문의. ☎ 02-3707-8270

### 가볼만한 여행지

**종묘** 조선왕조의 왕과 왕비, 죽은 후 왕으로 추존된 왕과 왕비의 신위를 모시는 사당이다. 동시대 단일 목조건축물 중 연건평이 세

계에서 가장 큰 정전을 비롯해 종묘제례와 음악, 춤의 원형이 잘 계승되어 1995년 유네스코 세계문화유산으로 등록됐다.

**창덕궁** 조선시대 궁궐 가운데 하나. 태종 5년(1405)에 만들어졌다. 당시 종묘사직과 함께 정궁인 경복궁이 있어 이곳은 하나의 별궁이었다. 질서정연한 대칭구조를 이루는 경복궁과 달리 지형조건에 맞춰 자유로운 구성이 돋보이는 궁으로 자연과의 조화를 추구하는 한국문화의 특성이 잘 나타나 있다. 유네스코 세계문화유산으로 등록됐다.

**낙원상가** 1970년대부터 우리나라의 대표적인 악기판매상이 자리한 곳. 기타를 비롯해 관악기 · 타악기 · 현악기 · 피아노 · 국악기 · 전자악기 · 앰프 · 스피커 등 음향장비에 이르기까지 악기에 관한 모든 것을 볼 수 있다. 악기를 구입하지 않더라도 재미삼아 둘러볼 수 있다. 낙원상가 직장인 밴드 경연대회도 매년 가을 개최된다.

## 교통

떡박물관은 종로3가에 있다. 지하철 1호선과 3호선, 5호선을 이용, 7번 출구로 나와 창덕궁 방면으로 3분 거리다. 버스는 109,151, 162, 171, 172번을 타고 창덕궁에서 하차한다. 주차 불가.

## 박물관 옆 맛집

종로거리와 인사동에는 오래되고 유명한 맛집들이 즐비하다. 주변 직장인들이 즐겨 찾는 가정식백반부터 고급 한정식까지 주머니 사정에 맞게 선택할 수 있다. 깔끔한 퓨전 한정식이나 각 고장 토속요리를 전문으로 하는 식당을 선택하면 좋다. 사찰음식 같은 전문 식당들도 인기다. 사동면옥의 냉면과 푸짐한 손만두(**사진**)가 들어가 
는 만둣국은 미식가들 사이에 입소문이 자자하다. 인사동문화(www.goinsadong.co.kr)나 인사동인포(www.insadong.info)에서 먹거리 지도를 볼 수 있다.

프랑스 대혁명의 발발도, 미국 남북전쟁에서 남
군이 패한 것도 이 탓이다. 건강의 여신을 뜻하는 살루스, 봉급
을 뜻하는 샐러리도 어원이 같다. 단층 석조건물인 박물관
자체가 근대 문화유산으로 등록된 옛 소금창고다.

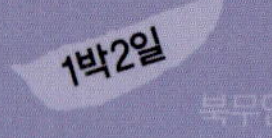

# 밥이고 생명이고 돈이며 또하나의 금

## 소금박물관

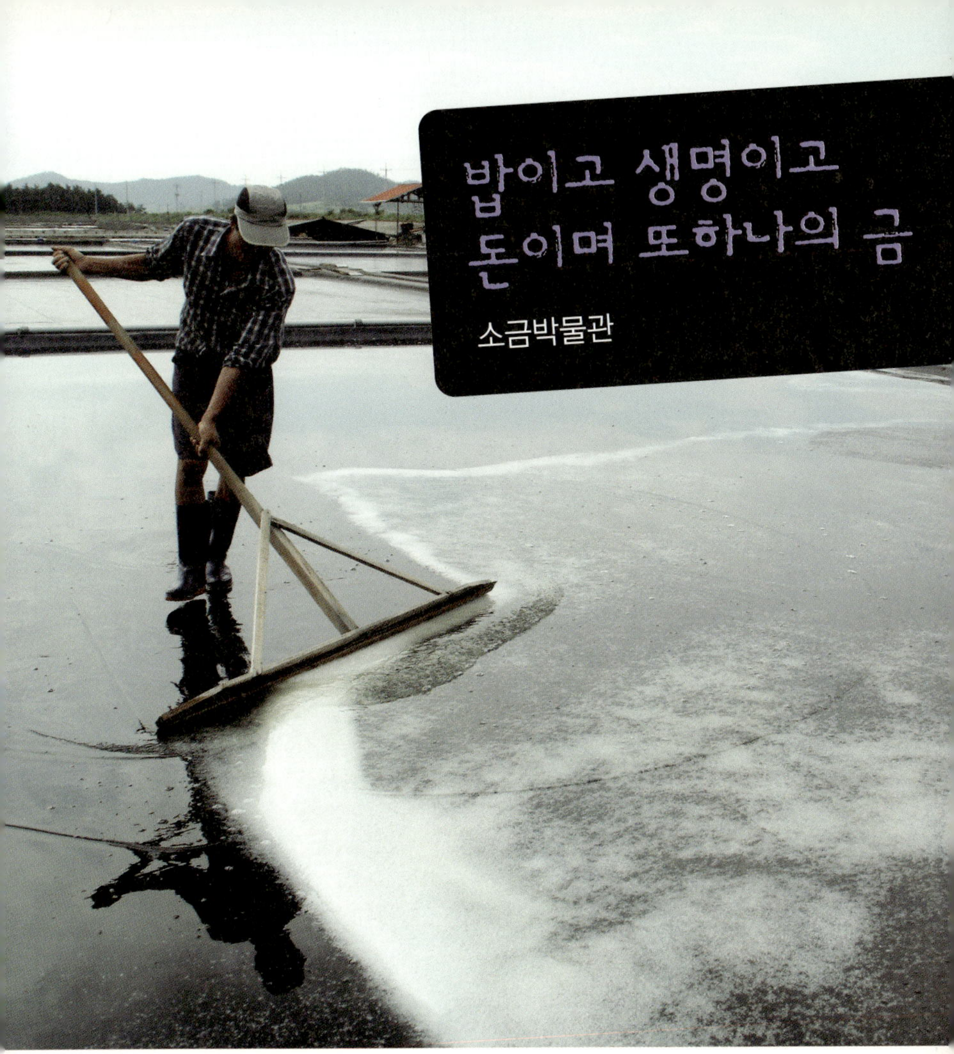

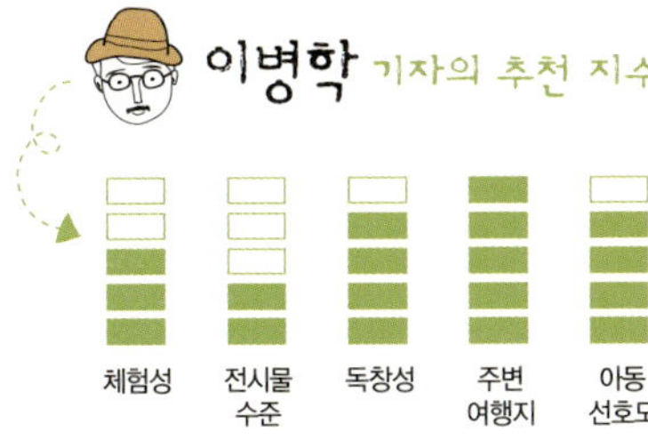

**주소** 전남 신안군 증도면 대초리 1648 **홈페이지** www.saltmuseum.org **전화** 061-275-0829 **관람시간** 오전 9시~오후 6시(매주 수요일, 매월 1일은 휴관. 매주 화요일은 2시까지 운영) **관람료** 어른 2000원, 어린이 1000원 **전시물** 소금과 인간, 천일염과 정제염, 자염 및 천일염 채취과정 등 소금 관련 자료와 영상물, 소금 채취도구 등 **체험행사** 소금밭체험장(4월~10월, 어른 7000원, 어린이 6000원), 소금동굴(어른 1만원, 어린이 5000원)

:: 생명의 근원은 소금이다. 생명은 바다에서 시작됐고, 바다의 본질은 소금이다. 소금과 생명체, 소금과 인간은 떼려야 뗄 수 없는 관계다. 소금은 밥이요 돈이요 금이며 생활이고 생명이다. 밥상머리에서 짜니 싱거우니 갑론을박하기 전에 일단 소금 공부를 하러 가보자. 부뚜막의 소금도 집어넣어야 짜듯, 직접 가서 보고 느끼고 체험하면 소금이 짜기만 한 게 아니라 달고 쓰고 맛도 있다는 걸 알 수 있다.

## 소금보다 짭짤하게 지식 챙길 수 있는 학습공간

전남 신안군 증도면 소금박물관이다. 증도는 얼마 전까지 목포에서 배를 타고 가야 했지만, 최근 다리가 놓이면서 교통이 편리해졌다. 무안 해제반도~지도~사옥도를 거쳐 증도까지 차를 몰고 갈 수 있다. 증도는, 환경과 먹을거리 등에서 친환경적 삶을 누릴 수 있는 도시에 국제슬로시티연맹이 수여하는 '슬로시티'로 인증된 섬이기도 하다.

실은, 소금박물관 자체만 보면 아주 소박하고 규모 작은 전시관이다. 전시물이라 해야 자료와 도표, 이야기, 영상물, 미니어처 재현물 들이다. 그럼에도 불구하고 증도의 소금박물관이 증도의 핵심 탐방지로 떠오르는 건, 주변에 거느린 숱한 소금 관련 볼거리·체험거리들이 박물관을 응원하고 성원하고 뒷받침해 주고 있기 때문이다. 그래서 소금박물관 기행에선, 소금박물관뿐 아니

근대유산으로 등록된 소금창고 건물을 이용한 소금박물관.

라 가까운 곳에 있는 소금 관련 체험공간인 소금동굴과 소금밭 체험장, 염생식물원, 국내 최대 넓이의 염전인 태평염전, 그리고 증도의 다른 볼거리들까지 함께 둘러본다.

소금박물관은 소금을 전시한 박물관이 아니다. 소금보다 짭짤하게 소금 관련 지식을 챙겨 돌아올 수 있는 학습공간이다. 단층 석조 건물인 박물관 자체가 근대문화유산으로 등록된 옛 소금창고이기도 하다. 들어서면 왼쪽 공간에서 소금나무가 기다린다. 나무 뼈대를 만들고 소금을 반죽해 붙여 만든 나무다. 습기를 잘 조절해 반죽하면 소금만으로도 이런 조각작품이 가능하다고 한다.

전시물은 영상물과 일부 유물 외엔 거의 벽에 붙은 설명자료

❶ 박물관 들머리에 있는 소금을 직접 만져보는 코너.
❷ 소금 나르는 인물상.

들이다. 그러나 내용이 알차 그냥 지나칠 수 없게 만든다. 맘모스 스텝지도. 홍적세부터 가장 최근의 빙하기까지 살았던 대형 포유류 맘모스는 소금을 구할 수 있는 곳을 따라 이동하며 살았다고 한다. 유럽·아시아에서 시베리아를 거쳐 아메리카 대륙으로 이어지는 대장정이다. 고대 인류 또한 맘모스 사냥을 위해 이들을 따라 이동했기 때문에 이 코스를 맘모스 스텝이라 부른다. 생명체가 탄생한 바다와 소금, 생명 유지에 필수불가결한 소금 이야기를 거쳐 소금과 인류 이야기로 넘어간다.

　인간은 소금 확보를 위해 다양한 노력을 기울였다. 바닷물을 햇빛에 증발시켜 채취하는 천일염, 지각변동으로 바닷물이 갇혀

굳어진 고체 소금을 파내 얻는 암염, 소금기 있는 지하수를 증발시켜 채취하는 정염 등이 있다. 소금 든 진흙을 물로 씻어 증발시켜 얻기도 했고, 소금기 있는 호숫물을 끓여 얻기도 했다. 소금은 인류에게 고대부터 중요한 교환수단이었다. 우리의 경우 소금이란 용어 자체가 소금을 금처럼 귀하게 여긴 까닭에 '작은 금'이란 뜻에서 비롯한 이름이다. 신하와 소금물, 그릇을 뜻하는 글자의 조합으로 이뤄진 소금 '염(鹽)' 자는 소금에 대한 국가권력의 지배를 뜻한다고 한다.

## '평양 감사보다 소금장수' 등 속담 코너도

서양에서 소금(SALT)의 어원은 소금을 뜻하는 라틴어 'SAL'에서 시작되었는데, 건강의 여신을 뜻하는 살루스, 봉급을 뜻하는 샐러리, 소금으로 급료를 받던 병사를 뜻하는 솔저 등이 모두 여기에 뿌리를 두고 있다. 프랑스대혁명(1789~1794)이 발생하게 된 이유도 소금 때문이었다. 당시 프랑스 정부는 국민에게 해마다 일정한 양의 소금을 강제로 사도록 했는데 그 값이 너무 비싸, 밀수가 횡행하고 단속이 강화되고 염세 징수 청부업자들의 횡포가 가속화하면서 민심이 폭발한 결과물이다. 미국의 남북전쟁에서 남군이 패한 것(소금 봉쇄)도, 인도 간디의 비폭력불복종운동에 수많은 민중들이 동참한 것(영국의 과도한 소금세에 반발)도 소금과 관련이 있었다.

태평염전에서 채취한 소금을 소금창고로 운반하고 있다.

소금과 관련된 동서양 인물들 이야기, 각 나라들의 소금 관련 제도와 정책에 얽힌 이야기, 그리고 '평양 감사보다 소금장수'(별 볼일 없는 관리보다는 소금장수가 낫다), '소금 먹은 놈이 물 켠 다'(죄지은 사람이 반드시 벌을 받는다) 등 소금 관련 속담 코너도 마련돼 있다. 그리고 소금이란 무엇인가, 소금은 어떻게 채취하 는가 등에 대한 본격적인 내용 설명이 시작된다.

우리가 먹는 소금은 자연에서 얻은 천일염과 기계로 만든 정 제염으로 나뉜다. 천일염은 칼슘·마그네슘·망간 등 몸에 이로 운 88개 종의 미네랄 성분을 함유하고 있다고 한다. 그러나 정제염은 인공적으로 나트륨과 염소만을 분리해 결합시켜 만든 염화나트륨이다. 이것을 오래 먹을 경우 고혈압 등 각종 성인병에 걸릴 확률이 높다고 한다. 바닷물엔 몇%의 소금이 함유돼 있을까? 평균 3%다. 그러면 우리가 먹는 보통 음식의 소금 함량은? 0.8 ~1.2%다. 우리가 자주 먹는 국에는 1%, 찌개엔 2% 정도가 함유된다고 한다.

## 천일염엔 몸에 이로운 미네랄 성분이 88종이나

태평염전의 모습을 소금바닥에 비춰 보여주는 영상물 솔트 스크린, 유리바닥 밑에 전시한 각종 소금 조각품을 보고 나면, 우리나라 전통적 소금 생산방식인 자염 만드는 과정, 근대에 시작된 천일염 생산과정에 대한 설명이 이어진다. 자염은 바닷물을 가마솥에 끓여서 만든 소금을 말한다. 수많은 땔감과 노동력이 들어가 생산성이 낮았다. 우리나라에 바닷물을 건조시켜 소금을 채취하는 염전이 들어온 건 1907년이었다. 인천 주안염전이 최초의 염전이다. 중도엔 1948년 첫 염전이 들어섰고, 현재 단일 염전으론 국내 최대 규모(140만평)인 태평염전이 중도에 생긴 건 1953년이다.

염전에서 이뤄지는 천일염 채취 과정을 알아보자. 먼저 수문을 열어 바닷물을 끌어들여 1차 저장시킨 뒤 수로를 통해 증발지로 보낸다. 1차 증발지에서 먼저 증발시킨 뒤 2차 증발지로 보

태평염전 해넘이.

내지는데, 염전 넓이의 대부분을 2차 증발지가 차지한다. 처음 1~3도였던 염분농도는 1차 증발지에서 3~8도로 높아지고, 2차 증발지에선 8~18도에 이르게 된다. 증발시키는 동안 비가 오면 뚜껑을 덮은 함수창고로 보내진다. 2차 증발지를 거친 바닷물은 마지막으로 소금을 채취하게 되는 결정지로 보내진다.

결정지에선 보통 햇빛 좋은 날 새벽 6시쯤 물을 공급받아 오후 4시 무렵부터 6시 사이에 채염을 하게 된다. 그날의 날씨와 결정지에 머무는 시간 등에 따라 소금의 굵기와 맛 등이 달라진다고 한다. 대파(소금을 긁어모으는 나무 도구)를 이용해 물에 잠긴 소금을 모아 쌓은 뒤 삽으로 수레에 퍼담아 소금창고로 운반해 저장하게 된다. 박물관에선 소금 채취과정을 영상물을 통해 상세히 살펴볼 수 있다. 마지막 코너는 각국의 포장된 소금 상품 전시 공간이다. 세계 각지의 유명 소금과 태평염전에서 생산한 소금제품이 전시돼 있다.

태평염전은 단일 규모로는 국내 최대인 140만평 넓이의 대규모 염전. 염전 자체가 근대문화유산으로 지정된 곳이다. 1년에 1만5000여톤의 소금을 생산한다. 체험도 좋지만, 3km에 걸쳐 도열한 66개의 소금창고 행렬을 보는 것만으로도 이색적이다. 오후 4시 무렵 염전을 찾으면 소금을 채취하고 나르는 모습을 볼 수 있다. 염전 너머로 떨어지는 해넘이도 장관이다.

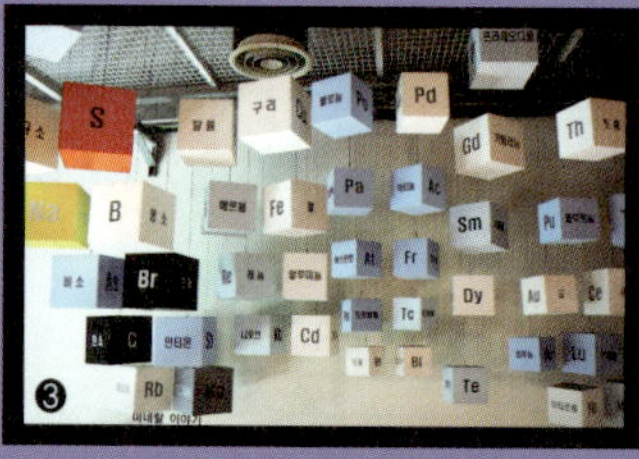

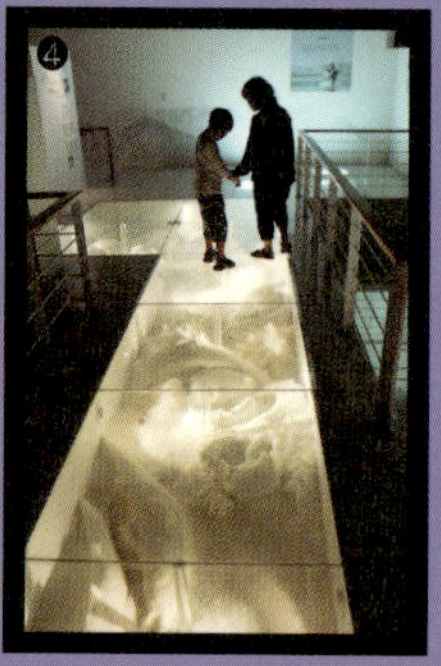

❶ 소금에 빠져 명상에 잠길 수 있는 소금동굴.
❷ 암염으로 만든 소금나무.
❸ 천일염에는 88가지의 미네랄이 함유돼 있다.
❹ 전시관 바닥의 소금조각.
❺ 자루에 담아놓은 소금.
❻ 천일염
❼ 소금 염. 국가의 소금 지배를 뜻하는 글자다.
❽ 소금은 폭약을 만드는 데도 쓰였다고 한다.
　　조선시대의 병기 신기전.
❾ 소금 채취에 쓰는 도구들.

증도는 해제반도에서 다리가 놓이면서 차로 갈 수 있는 섬 아닌 섬이 됐다. 최소 1박 2일 일정을 잡는 게 좋다. 여름철에는 갯벌축제도 열려 피서지로도 그만이다. 또 엘도라도 리조트 같은 고급 숙박시설이 있어 연인에게도 어울린다. 섬이 큰 편이 아니라서 차로 구석구석 돌아볼 수 있다. 또 소금박물관과 태평염전, 짱뚱어다리 등 이름난 여행지가 몰려 있어 찾아다니기 편하다. 증도닷컴(www.jeung-do.com)에서 종합적인 여행정보를 얻을 수 있다.

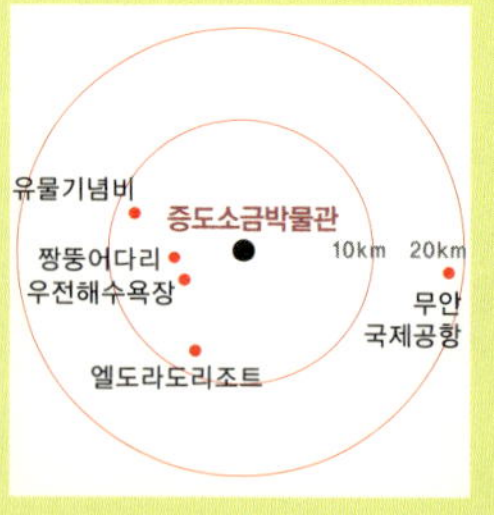


## 가이드 및 체험 프로그램

해설사가 하루 2회 안내. 박물관 부근에 소금 채취 과정을 체험해 볼 수 있는 소금밭체험장(4월~10월 운영)이 있다. 수차 돌리기 · 소금 모으기 · 소금 운반 등 구성. 어른 7000원, 어린이 6000원. 채취 소금 1kg을 준다. 3일전 예약. ☎ 061-275-0879. 소금동굴은 사방이 소금으로 이뤄진 공간에서, 미세하게 뿜어진 항산화소금 입자를 호흡하며 쉴 수 있는 곳. 45분 가량 의자에 앉거나 침대에 누워 음악을 들으며 명상에 잠기게 된다. 기관지염 · 천식 · 피부염 · 불면증 등에 효과가 있다고 한다. 어른 1만5000원, 어린이 1만원. ☎ 061-261-2266.

## 축제 및 연계 프로그램

매년 여름 증도 일원에서 갯벌 · 소금 축제가 열린다. 슬로시티 인증 지역답게 폭죽, 빛 발산 등을 지양하고 갯벌체험, 뻘배릴레이, 머드페인팅, 개매기체험, 사해(소금바다)체험, 염전체험 등 생태적 내용들로 진행된다. 밤에는 '신안달집 태우기'와 별을 감상하는 'Dark-Sky' 행사가 하이라이트. ☎ 061-243-2171  www.shinan.go.kr

## 연관 박물관

**하의 소금전시관**  신안군 하의도에 있다. 소금박물관이 천일염을 소개한다면 소금전시관은 화염 제조 방식을 보여준다. 하의면만의 독특한 화염제조법을 전승보전하면서 직접 체험할 수 있도록 화염 제조 건물과 염판 등을 옛 모습 그대로 복원해 놓았다. 하의면사무소 ☎ 061-275-4032.

## 가볼만한 여행지

**짱뚱어다리**  짱뚱어가 많이 사는 갯벌에 놓은 470여m 길이의 나무다리. 여기서 바라보는, 갯골을 물들이며 지는 석양이 아름답다. 다리를 건너가면 우전해수욕장으로 갈 수 있다.

**우전해수욕장** 증도에서 가장 긴 모래밭을 자랑하는 약 3km 길이의 해수욕장. 짚으로 만든 파라솔을 수십개 설치해 놓은 해수욕장 뒤쪽에 울창한 소나무숲이 있다. 솔숲 안으로 들면 바다를 보며 산책하기 좋은 숲길이 해안을 따라 이어진다.

**해저유물기념비** 증도 서쪽 끝에 있다. 고려시대 난파된 배가 발견된 것을 기념해 세운 것으로 증도를 '보물섬'이라 부르는 계기가 됐다. 유물이 발견된 곳은 증도면 방축리 도덕도 앞바다. 이곳에서 1976년 해저에 잠들어 있던 선박 일부가 어부의 그물에 걸리면서 세기적인 발굴 작업이 진행됐다.

## 교통

서해안고속도로 함평 분기점에서 무안~광주고속도로로 갈아탄 후 북무안IC에서 내린다. 현경교차로에서 해제, 지도 방향으로 정하고 24번 국도를 따라 가면 지도읍이다. 이곳에서 송도와 사옥도를 징검다리 삼아 건너가면 증도다.

## 숙박

우전해수욕장 옆에 있는 엘도라도 리조트는 증도의 명물이자, 국내 최고급 리조트 중 하나. 빌라형 30동과 185개의 객실을 갖춘 엘도라도 리조트엔 야외수영장 · 해수사우나 · 찜질방 · 불가마한증막 등 시설이 마련돼 있다. 오메가 형의 해안 전망도 빼어나다. 리조트 들머리에 갯벌생태전시관이 있다. ☎ 061-260-3300.

## 박물관 옆 맛집

증도의 잘 발달된 뻘에서 낙지, 짱뚱어를 비롯한 각종 어패류가 생산된다. 늦봄은 병어, 7월부터는 민어회(사진)가 제철이다. 면사무소 앞 고향식당(061-271-7533), 우전리 왕바위 갯벌 조개마당(061-257-8903) 등이 추천하는 음식점. 증도 가는 길에의 송도에는 신안군에서 운영하는 수협위판장이 있다. 이곳에서 싱싱한 해산물을 저렴하게 살 수 있다. 1kg당 3000원씩 받고 회를 쳐주는 부스도 있다.

고래 잔혹사가 일제강점기부터다. 그 많던 고래가 씨가 말랐다. 1986년 포경 금지 이후 20여 년, 동해에는 다시 수백 수천마리 고래 떼가 춤춘다. 그러나 한국핏줄 귀신 고래는 아직 소식이 없다. 어디로 간 걸까?

# 선사시대부터
# 고래바다가 통째로

## 장생포고래박물관

주소 울산광역시 남구 매암동 139-29 홈페이지 www.whalemuseum.go.kr 전화 052-256-6301~2 관람시간 오전 9시30분~오후 6시(매주 월요일, 1월1일, 설날·추석 당일 휴관) 관람료 어른 2500원, 어린이 1500원. 고래생태체험관 별도(어른 6000원, 어린이 3500원) 전시물 고래 실물 골격, 턱·이빨·수염 등 각 부위와 각종 고래 태아, 작살·포 등 고래잡이 도구와 해체 도구, 세계 고래 관련 자료 체험행사 고래 영상과 소리 체험. 무료.

이병학 기자의 추천 지수

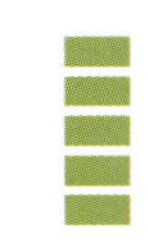

| 체험성 | 전시물 수준 | 독창성 | 주변 여행지 | 아동 선호도 |
|---|---|---|---|---|

:: '경해'(鯨海). 고래 경, 바다 해. 동해바다를 우리 선조들은 경해라 불렀다. '고래 바다'다. 고래가 들끓었던 바다라는 뜻이다. 그 많던 고래는 다 어디 갔을까. 죽었다. 간단하게 우리 고래 바다 이야기부터 들여다보자.

## 신석기~청동기시대 암각화엔 고래가 58점

고래 바다 이야기는 선사시대의 '기록'에도 나온다. 울주군 언양읍 대곡리, 태화강 지류인 대곡천변 바위벽에 신석기~청동기시대에 새긴 것으로 추정되는 암각화(국보 285호)가 있다. 가로 10m, 높이 3m의 바위벽에 약 300점의 인물·고래·상어·호랑이·사슴 등이 새겨져 있다. 이 가운데 고래 그림이 무려 58점이다. 선사시대인들에게 고래가 중요시됐고 그만큼 흔했다는 뜻이다.

고래 바다의 평화는 19세기까지 유지돼 왔다. 고래 잔혹사가 시작된 건 불과 100여 년 전부터다. 일제강점기, 고래를 정확하게 사냥하고 대량으로 잡아들이는 근대 포경 방식(노르웨이식·포살식)이 들어왔다. 그 전인 19세기말엔 유럽 포경선들이 우리 고래 바다로 몰려와 아귀다툼을 벌이며 고래를 잡아갔다. 일제강점기 일본 포경선들은 울산 장생포, 포항, 원산 등을 오가며 귀신고래·참고래·긴수염고래 등을 닥치는 대로 잡았다. 광복 뒤엔 우리 어민들이 포경선을 마련해 직접 고래잡이에 나섰다. 고래 개체수가 급감하면서 일부 고래가 멸종위기에 놓였다. 한

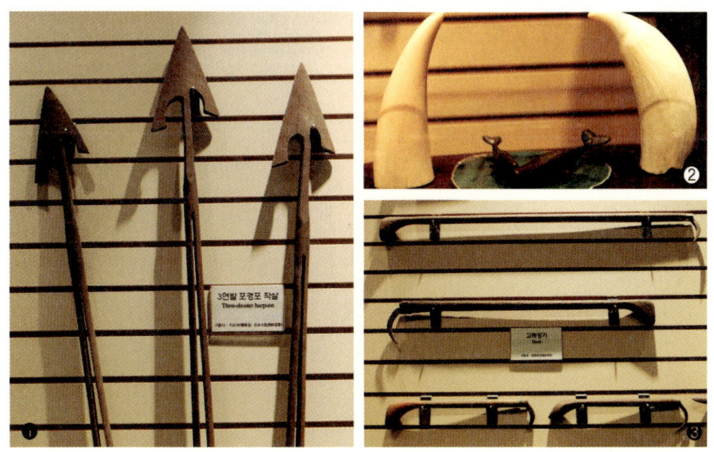

❶ 3연발 포경포 작살.
❷ 향유고래 이빨.
❸ 잡은 고래를 끌어당길 때 쓰던 고래깡기.

국계 귀신고래는 우리 동해안에서 사라졌다. 전 세계 바다에서 고래들이 사라져 가자, 1986년 전세계적으로 포경이 금지됐다.

그리고 20여년 뒤, 현상금까지 내걸고 찾았던 한국계 귀신고래는 돌아오지 않았지만, 동해안에서 수많은 돌고래들과 밍크고래 등이 다시 눈에 띄기 시작했다. 울산시에선 동해안 고래잡이 전진기지였던 장생포에서, 2009년 여름부터 고래바다 여행선(고래 관람선) 운행을 시작했다.

"엄청 많습니다. 수백 수천마리 돌고래 떼가 춤추고 솟구치고 줄달음치는 모습이 장관입니다."

고래박물관 행정지원실장 박용규씨의 말이다.

이제, 큰 고래 작은 고래 예쁜 고래 씩씩한 고래들 이야기가 가득 찬 울산 장생포 고래박물관으로 들어가 보자. 매표소에서 2500원 내고 표를 사서 계단을 올라가면 2층에 입구가 있다. 박물관은 크게 세 부분으로 이뤄졌다. 제1전시관은 포경역사관(2층), 2전시관은 귀신고래관(3층), 3전시관은 어린이 고래체험관(1층)이다. 둘러보는 순서는 2층, 3층, 1층이다. 2층 포경역사관에 들어서면 먼저 허공에 걸린 거대한 고래뼈 둘이 반겨준다. 수염고래에 속하는 브라이드고래와, 이빨고래에 속하는 범고래의 실물 뼈대다.

## 허공에 걸린 거대한 고래뼈가 먼저 인사

고래는 대형 고래인 수염고래류와 소형 고래인 이빨고래류로 분류하지만, 통상 몸길이가 4m 이상이면 고래류, 이하면 돌고래류로 나눈다. 최대 몸 길이 33m, 몸무게 190톤에 이르는 대왕고래(지구상에서 가장 큰 동물)부터 1m 안팎의 쇠돌고래까지 전 세계에 약 90종의 고래가 산다. 80여종이 소형 고래이고, 대형 고래는 10종 안팎이다. 우리나라 바다엔 34종이 분포한다. 우리 바다에서 대왕고래는 1940년대 이후, 귀신고래는 70년대 이후 관찰되지 않는다. 80년대 이전까지 흔했던 참고래도 개체수가 급감했다.

고래박물관 곽경순 학예사가 설명했다.

"범고래는 몸길이 7m 가량으로 소형 고래에 속하지만, 바다 먹이사슬의 최상위에 있는 매우 사나운 고래입니다. 시속 60~80km로 달리죠. 고래 중에서 가장 빠릅니다."

브라이드고래 실물 골격.

옆 벽면엔 반구대 암각화 모형을 설치했다. 300여점의 인물·동물 그림 중 58점의 고래 그림들이 흥미롭다. 특징이 드러난 고래 그림들을 따로 그려 전시해 놓았다. 새끼 업은 귀신고래, 작살 맞은 귀신고래, 물을 내뿜는 북방긴수염고래, 아래턱에서 배꼽 부근까지 주름이 있는 혹등고래, 검은 등과 흰 배를 구분해 그려 놓은 범고래, 머리가 네모진 향고래 등이 매우 상세하게 묘사돼 있어 놀라움을 안겨준다. 고래를 해체하는(고래고기를 발라내는) 모습도 보인다.

6000년 전엔 암각화가 있는 대곡천변까지 바닷물이 들어찼다는 것을 알려주는, 울산 지형변화 4단계 모형을 보고 한국의 포경 역사를 살펴본다. 1912년 장생포를 방문해 1년간 머물며 귀신고래를 연구했던 미국의 동물학자이자 탐험가 로이 채프먼 앤드루스가 1914년 쓴 논문 '태평양 고래'가 보인다. 그는 당시 '악마 고래'라고 불리던 귀신고래를 '한국계 귀신고래'(회색고래·영어명 Korean Gray Whale)라 처음 이름붙였다. 대왕고래 턱뼈도 전시돼 있다. 장생포초등학교 정문 양쪽에 세워놓았던 것 중 하나라고 한다. 밍크고래 머리뼈를 비롯한 각 부위의 뼈들과 고래 이빨로 만든 담배파이프를 보고 장생포 근대포경 모습을 살펴본다.


## 고래잡이에 쓰던 작살 등도 한눈에


1945년 이후의 장생포 어민들의 포경업 관련 자료들이다. 고래잡이에 쓰던 작살, 고래 길이 재는 막대, 고래기름 떠내던 바가지, 고래 해체 때 허리띠에 차고 수시로 칼을 갈던 숫돌, 고래 해부톱 등을 볼 수 있다. 옆엔 1980년대까지 실제 고래잡이를 하던 장생포의 제5진양호 배 일부분과 작살을 쏘던 포를 전시해 놓았다. 영상관에선 3면의 화면을 통해 "노래 잘 하는" 혹등고래의 유영 모습과 우는 소리를 보고 들을 수 있다. 하와이의 마우이섬 바다에서 촬영한 것이라고 한다.


　여행, 박물관 빼놓고는 상상하지 마라

❶ 귀신고래 모형 머리부분.
❷ 제5진양호에 설치된 작살포.
❸ 브라이드고래 수염. 길이 2.5m짜리
　위턱뼈를 세워놓은 것이다.

거대한 미늘이 달린 작살들을 전시한 전세계 포경사 코너를 거쳐 높이 2.5m의, 세워놓은 브라이드고래 수염을 만난다. 수염이라 부르지만 실은 여러 갈래 올이 이어진 판을 여러 겹 겹쳐놓은 고래 위턱뼈의 탄력있고 강한 섬모들이다. 곽경순 학예사는 "과거 서양에선 '고래 수염'으로 여성 치마가 부풀어 보이게 하는 장치, 양산·우산살, 구두주걱 등으로도 사용했다"고 설명했다. 포경선의 항해일지 기록을 살펴본 뒤 엘리베이터를 타고 3층 귀신고래관으로 간다.

원형 공간으로 들어서면 바닷속을 유영하고 솟구치고 또 몸을 세운 채 정지해 있다 스스르 물속으로 사라지는 귀신고래 모습이 화면에 나타난다. 물속에서 녹음된 소울음 소리 비슷한 귀신고래 소리도 들려온다. 한국계 귀신고래는 10월 캄차카반도 오흐츠크해 일대에서 먹이활동과 출산을 위해 남하했다가 5~6월에 다시 북쪽으로 돌아가는 회유생활을 한다. 알래스카에서 아메리카대륙 서해안을 회유하는 캘리포니아게 귀신고래는 수만 마리가 있지만, 한국계 귀신고래는 북해도·사할린 일대에 130마리 정도가 남아 있을 뿐이다.

우리나라 연안에선 1960년대 중반 이후 사라졌다. 전시관 중앙 공간에서 거대한 귀신고래 모형을 볼 수 있다. 따개비들이 몸 여기저기에 붙은 모습이다. 귀신고래는 바다 밑바닥의 흙을 헤집으며 작은 갑각류 등을 섭취하는 습성이 있어 이때 따개비들이 몸에 달라붙는데, 천천히 유영하기 때문에 따개비들이 떨어지지 않고 몸에 붙어 자랄 수 있다고 한다.

장생포 고사동에 마지막으로 남아 있던 고래해체장 건물의 일부를 옮겨다 놓은 '고래 해체장 복원관'에선 고래를 들어올리던 밧줄들과 무게를 재던 저울, 고래 기름을 짜던 대형 솥 등을 만난다. 고래 해체 장면 사진들과 고래를 이용해 만든 음식(카레·소시지·통조림), 도장·비누·양초·크레파스·향수·장신구 등도 보인다. 19세기 미국·프랑스 포경선들이 독도 근해에서 조업하며, 독도를 조선 땅으로 표기한 지도와 항해일지도 볼 수 있다.

## 고래바다여행선 타면 돌고래 떼 직접 볼 수도

계단을 통해 1층으로 내려간다. 고래의 생태와 진화과정 학습 공간이다. 몸무게 30톤짜리 대왕고래의 경우 하루에 1200kg이나 되는 먹이를 먹어치운다고 한다. 대왕고래·긴수염고래·혹등고래 회유도를 보고 나면 대왕고래 등 각종 고래가 얼마나 무거운 동물인지를 체감할 수 있는 코너가 나온다. 저울 위에 올라가 고래 이름 단추를 누르면, 해당 고래 무게가 자신 몸무게의 몇 배나 되는지 전광판이 알려주는 장치다. 한 어린이가 올라서서 대왕고래 단추를 누르자, 4240이라는 숫자가 뜬다. 최대 대왕고래 무게가 어린이 몸무게의 4000배가 넘는다는 걸 알려준다.

고래 뱃속 체험관도 있다. 새우 등 고래의 먹이들과 태아 등을 만난다. 길이 5m나 되는 일각고래(북극해 찬바다에 사는 고래)의 이빨 등 고래들의 여러 가지 이빨도 흥미롭다. 곽경순 학예사는

고래생태체험관의 큰돌고래 수족관.

"일각고래의 긴 이빨은 수 컷만 가지고 있다"며 "암 컷을 차지하기 위해 싸울 때 사용하는 이빨"이라고 설명했다. 고래 이빨·수 염 등을 만져보거나, 고래 울음소리를 듣고, 점토로

야외전시장의 포경선 제6진양호.

고래 모형을 만들어 보는 어린이 체험관과 고래에 관한 정보를 얻을 수 있는 고래 자료 열람실을 거치면 밖으로 나오게 된다.

야외엔 1977년에 제작돼 85년까지 고래잡이에 사용된 제6진양호 실물이 전시돼 직접 올라가 살펴볼 수 있다. 이웃 건물들은 고래연구소, 고래 생태 체험관이다. 입장료가 좀 비싸지만 생태 체험관을 둘러볼 만하다. 대형 수족관에서 헤엄치는 큰돌고래 3마리를 볼 수 있다. 수족관 옆과 밑의 터널, 위에서 돌고래의 힘찬 몸놀림을 만나게 된다. 울산 남구청장은 이 큰돌고래들에게 장꽃분(11살)·고아롱(8)·고다롱(6)이란 이름을 붙여주고 주민등록증을 발부해 줬다. 동사무소에서 이들의 주민등록증을 뗄 수 있다고 한다.

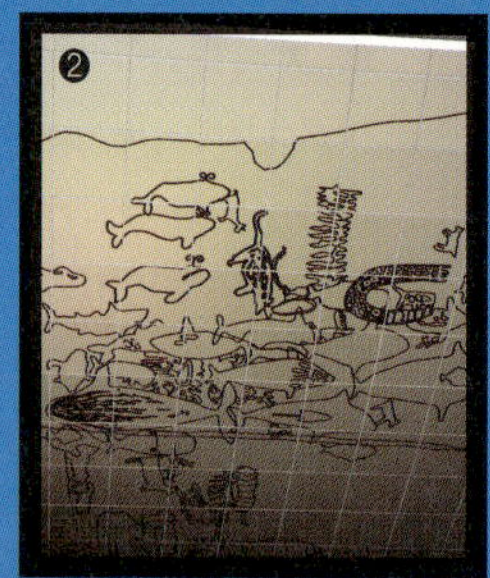

범고래
Killer Whale

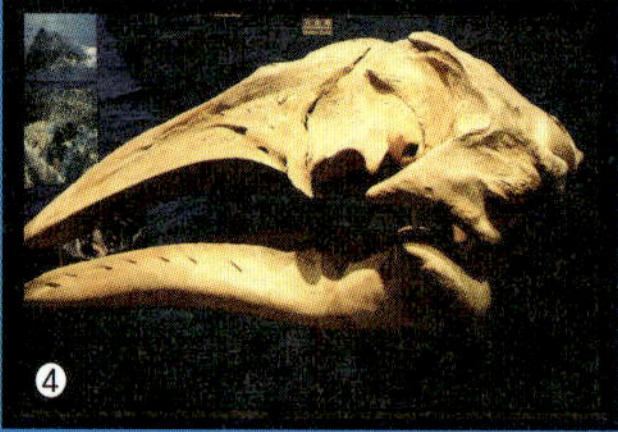

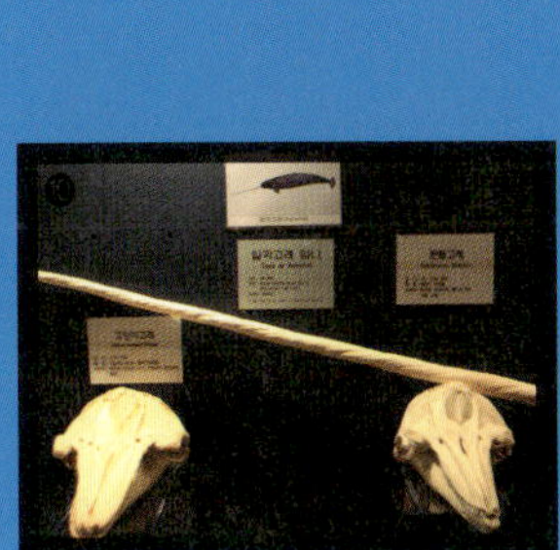

❶ 밍크고래 등뼈 일부.
❷ 반구대암각화를 그린 박물관 천장.
❸ 선사시대 고래잡이 모형도(반구대암각화전시관 전시).
❹ 귀신고래 머리뼈.
❺ 고래 종류별 머리 모형.
❻ 천장에 매달린 브라이드고래 실물 골격.
❼ 고래를 해체할 때 무뎌지는 칼날을 수시로 갈기 위해
　 허리에 차던 숫돌.
❽ 발로 돌려 칼을 갈던 해부칼 숫돌.
❾ 브라이드고래 수염 앞에 서 있는 관람객.
❿ 일각고래 엄니와 고양이고래 큰돌고래 머리뼈.
　 가운데 긴 막대처럼 보이는 것이 일각고래 이빨.

# 박물관 +

장생포는 울산의 남쪽 끝에 있다. 고래박물관과 함께 고래관찰 체험투어까지 하면 금상첨화다. 울산은 최근 생태하천으로 새롭게 태어난 태화강을 비롯해 세계 5대 자동차 메이커인 현대자동차, 동해안에 빛을 뿌리는 울기등대, 바위에 고래가 새겨져 있는 대곡리 반구대암각화, 옹기가마가 몰려 있는 외고산 옹기마을 등이 가볼 만하다. 이곳을 모두 돌아보려면 1박2일로도 빠듯하다. 일단 고래와 연관된 곳을 기본, 나머지는 시간에 맞게 선택한다.

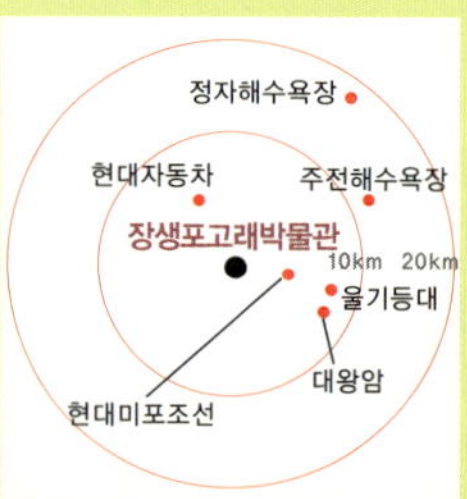


### 가이드 및 체험 프로그램

매일 4차례 운영되는 박물관 안내 서비스를 이용하면 좋다. 자원봉사자들로 구성된 학예사의 설명이 고래의 생태와 역사에 대한 이해를 높여준다. 안내 시간은 홈페이지 참조. 체험은 박물관 1층 어린이 체험관 이용. 고래생태체험관의 살아있는 고래와 4D영화관이 인기다. 입장료 별도로 6000원.

### 축제 및 연계 프로그램

매년 7월이면 태화강 둔치와 장생포항에서 울산 고래축제가 열린다. 2010년에 16회를 맞았다. 고래잡이를 기원하던 고천제와 풍경제가 공식행사로 열리고, 고래를 소재로 한 공연과 예술마당이 풍성하다. 고래고기를 재료로 한 요리자랑과 시식은 하이라이트. 자세한 내용은 홈페이지(www.whalekorea.com) 참조.

### 연관 박물관

**고래화석박물관** 강원도 동해시에 있다. 국내 최초의 고래관련 박물관. 원형에 가깝고, 고생대부터 신생대에 이르는 다양한 고래화석들 전시. 국내 최초로 발견된 1300만 년 전 돌고래 화석이 자랑거리. 다른 박물관과 달리 화석을 직접 만져보는 오감체험이 이색적이다. ☎ 033-534-8660 www.dhsisul.org

### 연관 투어

장생포항에서 출발하는 고래바다 여행선. 3월~11월까지 수·토·일에 운항하며 고래탐사는 3시간, 연안견학은 2시간이며 여객정원은 107명이다. 고래탐사는 2만5000원, 연안견학은 2만원이며 최소 50% 이상 예약시만 운항한다. 예약은 인터넷(http://whale.ulsannamgu.go.kr)을 통해서 할 수 있다.

### 가볼만한 여행지

**울기등대** 대왕암공원에 있다. 1905년 러·일전쟁이 발발해 울릉도 인근에서 대규모 해전이 벌어지자 급하게 목조로 지었다. 그 후 1906년 콘크리트로 건립해 오늘에 이르고 있다. 대한민국 등록문화재 106호로 지정됐다. 솔숲과 지금은 퇴역한 구등대, 창망한 동해에 떠 있는 바위 등이 볼거리다.

**태화강** 1990년대까지만 해도 태화강은 죽은 강이었다. 둔치로 내려서면 악취가 진동했다. 그러나 지금은 물고기가 뛰논다. 사람들은 이 강에서 수영대회를 연다. 물축제도 열린다. 용선타기 체험도 할 수 있다. 태화강 대공원의 십리대숲을 산책하는 즐거움이 있다. http://taehwagang.ulsan.go.kr

**외고산 옹기마을** 된장과 고추장 등 음식을 저장하는데 필수였던 옹기 제작과정을 한눈에 볼수 있는 마을이다. 옹기를 만들고 굽는 가마를 비롯해 다양한 종류의 옹기를 볼 수 있는 옹기문화관 등의 관람시설이 있다. http://onggi.ulju.ulsan.kr

## 교통

울산은 경부고속도로와 울산고속도로를 이용해 찾아간다. 고래박물관만 목표로 하면 대중교통을 이용할 수 있다. 그러나 다른 여행지까지 돌아보려면 자동차가 필수다. 특히, 시내권은 교통이 혼잡하고, 도로망이 복잡해 내비게이션이 필수다.

## 숙박

항만청은 최근 여름과 겨울방학에 맞춰 등대지기의 숙소를 '등대별장'으로 개방해 큰 인기를 끌고 있다. 울산에서는 울기등대(052-251-2125)와 간절곶등대, 2곳이 개방된다. 울산 시내에는 현대호텔(☎ 053-251-2233) 등 숙박시설이 있다. 남구에 대형 호텔·모텔이 많다.

## 박물관 옆 맛집

울산에는 장생포를 비롯한 삼산동 등 시내에 100여 곳의 고래 고기 전문점이 성업 중이다. 고래는 두 번 삶는 법이 없다. 따라서 삶는 날 가서 먹어야 제 맛을 즐길 수 있다. 울산 시내에 자리한 태화루(☎ 052-267-5573)는 고래 고기 전문점 가운데 드물게 깨끗하다. 이 집은 고래 고기 모듬**(사진)**과 참치, 전복, 생선회, 대게를 코스 요리로 내놓는다. 고래 고기가 부담스러운 사람도 어울릴 수 있다. 1인분 5만원선.

뜻밖에도 산부인과 의사가 세웠다. 평생 모은 것들이다. 생활용품과 함께 등잔과 촛대 등이 있다. 이란 스리랑카 프랑스 태국 일본 중국 것들도 있다. 기억 저 편의 세월부터 어둠을 밝혀온 것들이다.

# 어둠 이기는 문명의 씨앗

## 한국등잔박물관

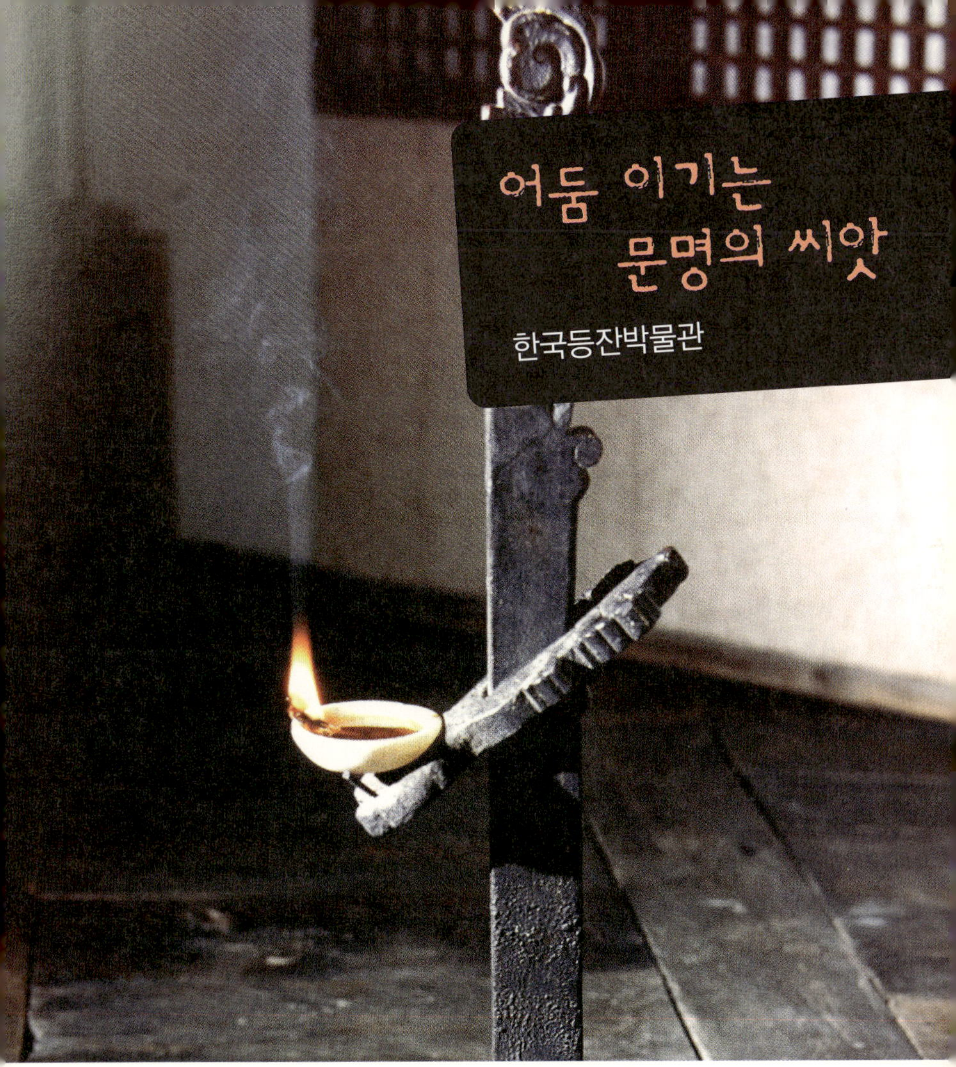

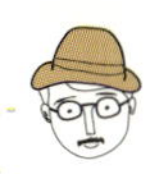

**주소** 경기 용인시 처인구 모현면 능원리 258-9 **홈페이지** www.deungjan.or.kr **전화** 031-334-0797 **관람시간** 오전 10시~오후 6시(겨울엔 오후 5시까지 개장. 매주 월 · 화요일, 설날 · 추석은 휴관) **관람료** 어른 4000원, 어린이 2000원 **전시물** 삼국시대~조선시대 등잔과 등잔대 · 촛대 300여점, 조선시대 부엌 · 안방 · 사랑방 등의 세간 **체험행사** 그림그리기(어린이날), 문화강좌, 농촌체험

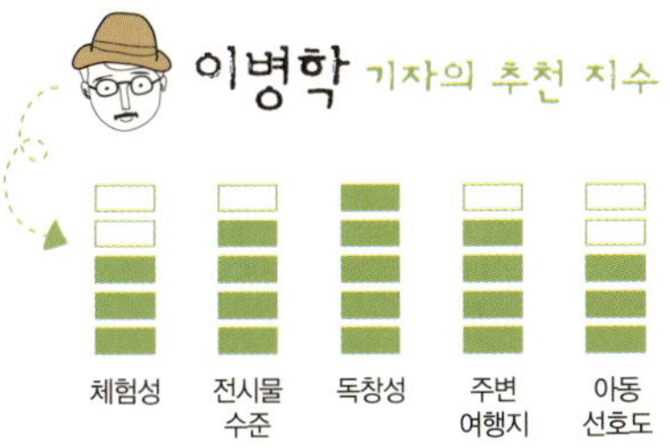

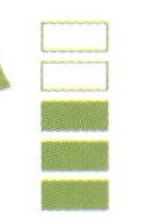

이병학 기자의 추천 지수
체험성
전시물 수준
독창성
주변 여행지
아동 선호도

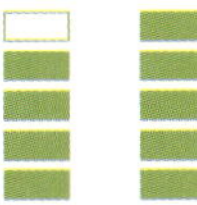

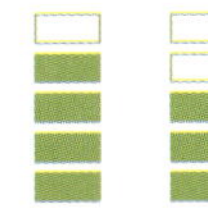

∷ "아저씨, 불 좀 빌릴 수 있을까요?"

담배 한 대 피워 물고, 불에 대해 생각해 본다. 아무 때나 빌릴 수 있는 불, 누구든 아무한테나 '옛소' 하고 빌려주는 불, 식당·술집에 널린 홍보용 1회용 라이터와 성냥들. 불을 이토록 쉽게 손에 넣을 수 있다는 건 생각해보면 너무 죄송한 일이다.


## 조용히 혹은 흔들리면서 마음 속 밝혀주는 소박한 꿈


불. 인류와 문명을 현재까지 끌고 온 원동력이다. 어둠을 밝혀주고, 몸을 데워주고, 음식을 익혀주고, 도구를 만들게 해준, 인간을 인간답게 해온 힘이자 자연이 베푼 최고의 혜택이었다. 선사시대인들은 죽어라 하고 나무를 비비고 돌을 부딪쳐 불을 얻었다. 이렇게 어렵사리 얻은 불을, 불씨가 꺼지지 않도록 재를 덮고 애지중지 보관하는 일은 우리나라 며느리들의 최대 과제 중 하나였다. 불을 꺼뜨린다는 건 모든 시어머니들에게 결코 용납할 수 없는 중대사태였다. 이런 일상사는 우리나라에서 100여 년 전까지 이어져 왔다.

어둠. 매일 하루도 빼먹지 않고 우리에게 찾아온다. 선조들은 안방으로, 부엌으로, 사랑방으로 쉬지 않고 찾아오는 밤을 불로 다스렸다. 방마다 등잔불을 밝혔다. 호롱불을 밝히고 남폿불을 밝혔다. 어른들은 기름 닳는다 꾸짖으며 자주 불을 껐다. 저녁밥도 해 지기 전에 일찍 해먹었다. 이런 일상이 수십 년 전까지 이

❶ 밑에 재떨이를 곁들인 나무 등경.
❷ 자기로 만든 서등. 글을 읽을 때 켜던 등잔이다.
❸ 조선시대 부싯돌과 부싯돌주머니.

어져 왔다.

　성냥·석유가 우리나라에 들어온 건 조선 말기였다. 전깃불이 전국에 고루 공급된 건 불과 수십 년 전이다. 그래서 부싯돌, 화롯불, 등잔 이런 것들은 지금도 우리에게 고향처럼, 어머니 품처럼 그리운 이름들이다. 번쩍번쩍 하는 전깃불이 들어오기 전까지 선인들의 일상을 밝혀주던 조명기구들을 만나러 간다. 등잔이다. 등대가 어둔 세상을 비추어 앞날을 향해 나아가게 하는 희망을 뜻한다면, 등잔은 조용히 그리고 간혹 흔들리면서 마음속을 밝혀주는 소박한 꿈이겠다.


## 지구촌 '인간 가족 전' 사진 전시 공간도


　한국등잔박물관의 외형은 수원 화성의 공심돈을 본떠 설계한 것이다. 돈이란 성곽 높은 곳에 쌓아 적을 쉽게 관찰하고 공격할 수 있게 만든 방어시설이다. 공심돈은 내부를 비어 있게 만든 돈을 뜻한다. 국내 유일의 이 소중한 등잔박물관을 설립한 분은 산부인과 의사 김동휘씨다. 평생 수집해온 등잔과 촛대 등 생활용품들을 1997년부터 이곳에 전시했다. 박물관으로 들어서니 우선 4000원을 내라고 한다. 사설 박물관이긴 해도 좀 비싼 편이다. 1층엔 조선시대 양반 집에서 사용하던 생활용품들을, 2층엔 선인들이 직접 사용하던 등잔과 등잔대, 촛대, 도자기 등을 전시했다. 3층에선 1년에 2~3회 특별기획전이 마련된다. 지하층도 있

　여행, 박물관 빼놓고는 상상하지 마라

등잔을 얹던 나무등가.

❶ 조선시대 은입사 촛대.
❷ 조선 후기의 여러 가지 유기 촛대.

다. 김동휘씨가 각국을 여행하며 찍어온 다양한 표정의 주민·관광객 사진들을 '인간 가족 전'이란 주제로 전시한 공간이다.

1층엔 양반가의 부엌과 찬방·안방·사랑방을 재현해 놓았다. 부엌엔 부뚜막·솥·절구·항아리·놋그릇, 찬방엔 찬장·다듬잇돌·홍두깨·도시락·떡살·화로·인두, 그리고 손님접대와 자녀교육의 공간인 사랑방엔 거문고·화로·갓·요강 등을, 안방엔 장롱과 화로·반짇고리, 비녀, 참빗 등을 전시했다. 방마다 빠지지 않고 다양한 모양의 등잔과 등잔대, 촛대 등이 전시돼 있음은 물론이다. 철제 촛대에 수공으로 은실을 섬세하게 상감해 넣은 은입사 희자문무쇠촛대와 느티나무 뿌리로 만든 화로, 어른 주먹만한 남자아기용 요강 등이 눈길을 끈다. 조선 말기 직접 사용하던 나막신과 징을 막은 징신, 미투리 등도 만난다.

2층으로 오르는 계단 옆엔 세계 각국의 등잔들이 따로 전시돼 있다. 이란의 촛대, 스리랑카의 기름등잔, 프랑스의 등잔과 촛대, 타이·일본·중국의 기름등잔 등을 볼 수 있다. 우리나라 등잔들은 시대별로 나누어 전시했다. 조선 후기의 백자 등잔들을 먼저 만난다. 손잡이가 없는 호형 등잔과 손잡이가 달린 등잔이 구별된다. 해설사 임미향씨가 말했다.

"손잡이가 없는 호형 백자등잔은 일제강점기 이전에 쓰던 것이고요. 손잡이가 달린 것은 일본에서 들어온 등잔입니다."



임씨는 "석유가 들어오기 전인 조선말 이전엔, 등잔이나 접시형 기름받이에 피마자기름·돼지기름·콩기름·동백기름 등 다양한 기름을 넣고 한지나 솜 등을 꼬아 만든 심지를 꽂아 불을 밝혔다"고 덧붙였다.

등잔을 세분하면 등잔과 등잔받침으로 나뉘지만, 둘을 통틀어 등잔이라 부른다. 등잔을 얹거나 걸어두는 등잔대를 등기구라 부르는데, 나무로 만든 목등잔이 가장 많다. 등잔대는 맨 위에 등잔을 하나 얹도록 한 등가(등잔받침)와, 등잔과 기름받이를 높이가 다르게 걸어두도록 한 등경(등잔걸이)으로 나뉜다. 부잣집이나 사찰 등에서 주로 사용했다는 철제·청동제 등가나 등경도 볼만 하지만, 정감이 가는 것은 나무로 만든 등가·등경들이다. 여러 무늬나 글씨를 새긴 것들도 있고, 받침대에 서랍을 달거나 나무를 파 재떨이로 쓰도록 한 것들도 있어 흥미롭다. 부귀와 아들을 많이 얻기를 기원하는 '부귀다남'이란 글씨를 새긴 등잔도 볼만하다. 모두가 낡고 선인들의 손때가 묻은 옛 물건들이다. 등잔불을 밝힌 방에서 선인들은 글을 읽고 부부간 정담을 나누고 또 술을 따랐을 것이다.

구리합금으로 만든 유기등잔이나 유기촛대는 고려~조선에 걸쳐 부잣집 안방이나 사찰에서 주로 사용해 온 것들이다. 고려시대부터 나타나는 양식이라는, 고사리가 말린 모습의 등경이 인상적이다. 조선시대 궁중이나 고관대작들이 사용하던 밀랍에 다양한 색상의 꽃무늬를 새긴 초 화촉도 볼거리다. 일반인들은 이 초를 혼례식 때만 쓸 수 있었다. 혼례식을 올린다는 뜻으로 쓰이는 '화촉을 밝힌다'는 말이 여기서 나왔다.

백자로 만든 좌등은 방바닥에 가까운 쪽을 밝히기 위한 등잔이다. 글을 읽을 때 켜는 서등이 여기에 속한다. 심지를 돋우는 부분을 한개, 두개(쌍심지) 또는 네개(사심지)로 만든 것까지 있다. 밝기를 높이기 위한 지혜다. 화가 나 눈을 부릅뜨는 모습을 두고 '눈에 불을 켠다'라든지 '눈에 쌍심지를 돋운다'는 표현이 실감나게 다가온다. 밤에 외출할 때 들고 나가거나, 의식에 쓰던 제등도 여러 가지다. 주로 사각형 모양의 쇠틀 안에 초를 꽂고

천이나 한지 등으로 씌운 것이다. 청사초롱·홍사초롱이 여기에 해당한다. 재질은 나무나 철, 놋쇠 등 다양하다.



순라꾼들이 밤에 순찰 돌때 쓰던 조족등도 흥미롭다. 발쪽을 비춘다 해서 조족등인데, 도적을 잡을 때도 쓰므로 도적등이라고도 불렀다. 겉모습이 박처럼 생겼는데, 실제 박으로 만든 것도 있어 '박등'이라고도 한다. 나무나 쇠로 틀을 하고 겉에 기름종이를 두껍게 발라 어둡게 하고 밑쪽은 터진 모습이다. 안에는 돌쩌귀를 설치해 등을 어떤 방향으로 들어도 촛불이 꺼지지 않도록 했다.

푸른 녹에 덮인 부식이 심한 고려시대 유기촛대들과 다등식 토기등잔 등 삼국시대 등잔들을 보고 나면 옆 전시대에서 부싯돌과 부싯돌 주머니를 만나게 된다. 부시와 작은 돌(부싯돌)을 부딪쳐 말린 풀잎 따위를 비벼 만든 불쏘시개에 불을 붙였으리라. 표주박, 마패, 그리고 각양각색의 촛대와 등잔대가 함께 전시돼 있다. 거북 등에 학이 서서 부리로 촛대꽂이를 받치고 선 철제촛대가 눈길을 끈다.

지하층의 '인간 가족 전' 사진들까지 둘러보고 나오는 데 1시간이면 충분하다. 박물관 앞 뜰에는 석등과 연자매·물레방아확·문인석 등 석물이 전시돼 있다.

❶ 박물관 1층에 재현해 놓은 양반집 사랑방.

❷ 고려시대 촛대와 식기들.

❸ 박물관 전시실.

❹ 밤길을 다닐 때 쓰던 나무 제등.

❺ 순라꾼들이 들고 다니던 조족등.

❻ 사심지 서등. 심지 돋우는 부분 2개가 부러져
  쌍심지처럼 보인다.

❼ 조선말 나무 등가와 등경.

❽ 받침대에 부귀다남이란 글씨를 새긴 나무촛대.

❾ 거북 등에 학이 받치고 선 모습의 촛대와 철제 등가.

# 박물관 +

한국등잔박물관은 성남시 분당과 가까운 용인에 있다. 수도권에서는 당일여행지로 맞춤하다. 박물관 주변에 마가미술관과 정몽주묘, 애국지사 이석형묘 등 현장학습에 좋은 곳이 있다. 에버랜드도 30분 거리. 박물관 투어를 하자면 삼성교통박물관과 호암미술박물관까지 이을 수 있는데, 하루가 빠듯하다.

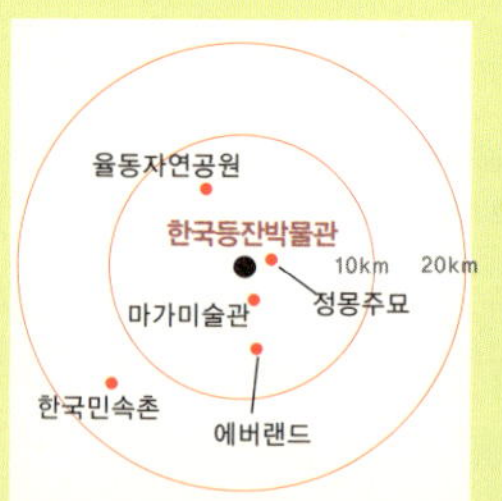


### 가이드 및 체험 프로그램

해설사와 학예사 상주. 어린이날이면 박물관에서 작은 축제가 열린다. 박물관 뜰에서 진행되는 그림그리기와 작은 공연으로 구성된 소박한 행사. 여름방학에는 문화강좌 및 체험교실 운영. 전통과 불을 주제로 하며 체험 내용은 매년 바뀐다. 농촌체험도 함께 진행된다.

### 축제 및 연계 프로그램

매년 6월 초에 박물관이 위치한 용인시 모현면 일원에서 포은 정몽주 선생을 기리는 포은문화제가 열린다. 묘를 옮긴 과정을 재현하는 천장행렬과 추모제례, 충렬서원 향사, 전국한시백일장 등으로 구성. 등잔박물관에서는 포은 관련 특강이 진행된다. 다양한 체험 공간도 마련. 용인문화원(☎ 031-324-9600 www.ycc50.org)

### 연관 박물관

**조명박물관** 경기도 양주시에 있다. 원시 등화구에서 토기등잔, 청동촛대 등의 역사적인 조명구가 있는 전통 조명관, 에디슨 발명 후의 근현대조명관, 빛의 예술을 감상하는 조명아트관, 빛과 색의 원리를 배우는 칼라&라이팅체험실, 인간의 감성과 조명의 관계를 이해하는 감성조명체험관 등으로 구성. ☎ 070-7780-8910 www.lighting-museum.com

### 연계 투어

용인시가 운영하는 시티투어가 있다. 둘째·넷째 주 토·일요일(3월~10월)에 2개코스로 1일 1회 운영. 수지레스피아를 출발해 등잔박물관, 정몽주묘 등을 경유하는 1코스와 자연휴양림, 농촌테마파크를 경유하는 2코스가 있다. 인터넷(http://tour.yonginsi.net)에서만 예약가능. 요금은(1코스 기준) 성인 1만2000원, 학생 1만원. ☎ 031-276-8686

### 가볼만한 여행지

**정몽주묘** 고려 말의 충신 정몽주의 묘다. 정몽주는 '두 임금을 섬

길 수 없다'며 조선 개국을 반대하다 태조 이성계의 아들 이방원에 의해 죽임을 당한다. 그가 쓰러진 자리는 개성 선죽교로, 지금도 핏자국이 있다. 정몽주묘는 1972년 경기도 문화재 기념물 1호로 지정됐다. 박물관에서 500m 거리.

**마가미술관** 등잔박물관, 정몽주묘와 함께 작은 문화벨트를 이루는 곳. 섬유예술가 및 판화가로 활동 중인 현직 화가가 개인 작업실로 사용하던 것을 1998년 미술관으로 개관했다. 이 미술관은 실로 짜서 원하는 이미지나 주제를 표현하는 타피스트리 작품이 인기다. ☎ 031-334-0465 www.magamuseum.co.kr

**에버랜드** 테마파크의 대명사로 불린다. 봄의 튤립과 장미축제를 비롯해 계절마다 다양한 축제가 열린다. 워터파크 캐리비안베이와 동물원도 있으며, 야간개장도 특별한 운치가 있다. 등잔박물관에서 30분 거리. ☎ 031-320-5000 www.everland.com

## 교통

서울 방면에서는 판교IC로 나와 광주로 가는 57번 군도 이용, 태재고개와 오포터널을 지난다. 43번 국도를 만나면 수원 방면으로 우회전, 레이크사이드CC 못미쳐서 박물관이 있다. 판교IC에서 20분, 죽전에서 7분 거리. 버스는 양재에서 1500번, 1500-2, 500-3, 잠실에서는 119번, 17-1번 있다. 정몽주묘 하차.

## 박물관 옆 맛집

박물관에서 지척인 능현사거리의 돌쇠셀프바베큐(031-336-1155 www.dsbbq.co.kr)는 가족단위 외식장소로 인기다. 이곳은 원하면 장작 패기부터 바비큐까지 직접 해볼 수 있다. 바비큐는 오겹살(2만3000원·**사진**)과 등갈비(2만5000원), 수제소시지(1만2000원), 유황오리(4만5000원) 등이 있다. 참나무 장작에서 제대로 구워 고기 맛이 특별하다. 에버랜드 인근에

있는 두부마당(031-334-3335)은 음식과 시설 모두 깔끔한 집으로 호평을 받는다. 순두부정식 7000원.

희망? 밤바다 · 외로움 · 그리움? 시? 등 대! 업어줘! 전망 좋고 공기 좋고 먹을거리도 많다. 무엇보다 무료다. 최초는 인천 팔미도 등대. 옛날엔 횃불 · 봉화 · 꽹과리를 이용했다.

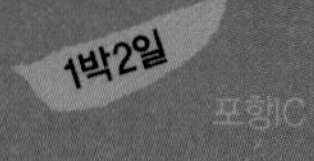

# 호랑이 꼬리 끝, 100여 년 희망의 불빛

## 국립등대박물관

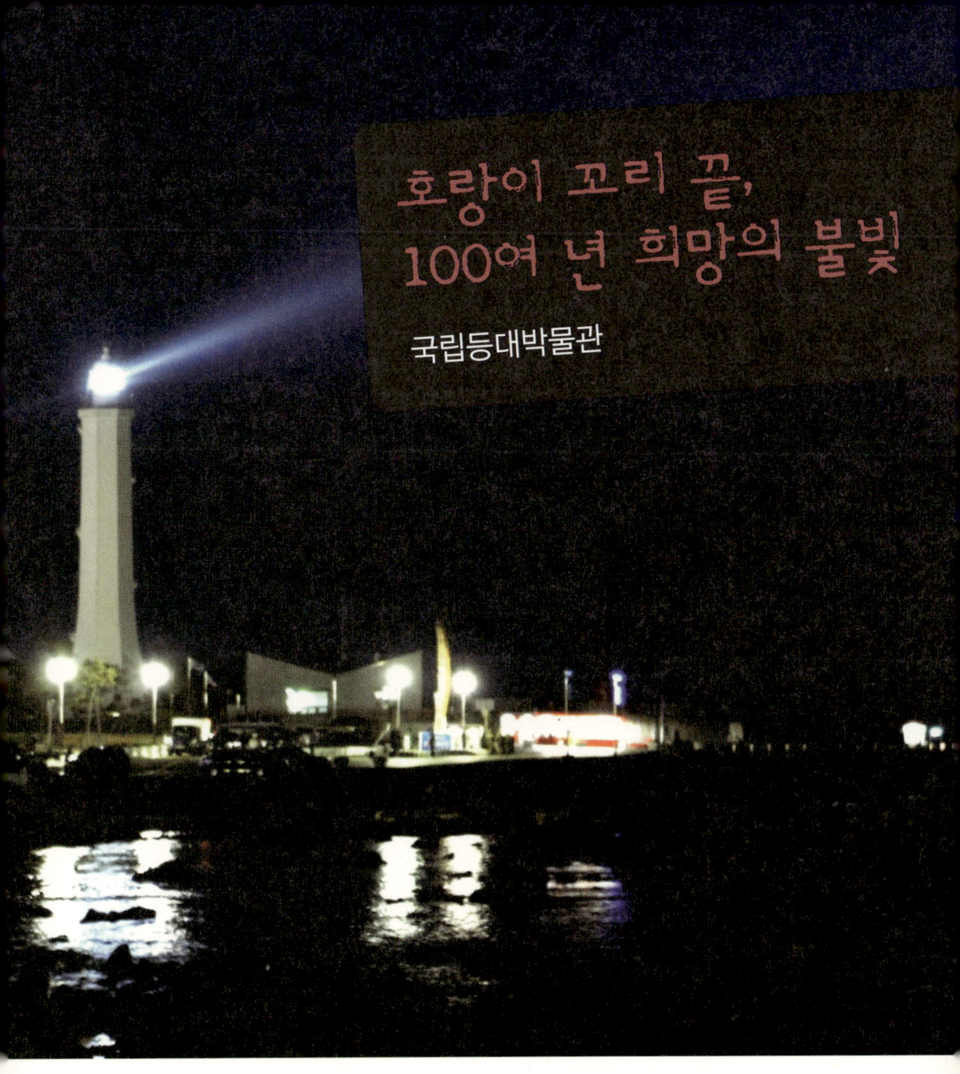

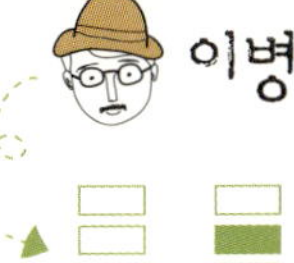

**주소** 경북 포항시 남구 호미곶면 대보2리 221 **홈페이지** www.lighthouse-museum.or.kr **전화** 054-284-4857 **관람시간** 오전 9시~오후 6시(매주 월요일, 설날과 한가위 당일은 휴관) **관람료** 무료 **전시물** 홍도등대 회전등명기 · 아세틸렌 가스등명기 · 전기사이렌, 야외전시장의 각종 등대 관련 시설물 **체험행사** 개관기념일(2월7일)과 어린이날 체험 프로그램 운영.

**이병학** 기자의 추천 지수

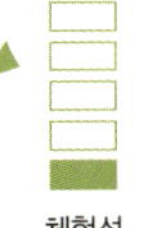

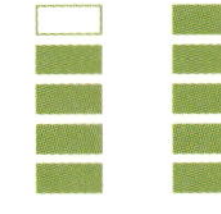

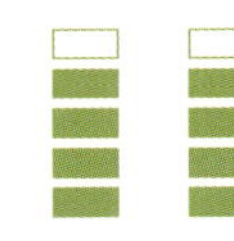

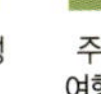

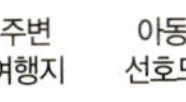

체험성
전시물 수준
독창성
주변 여행지
아동 선호도

⁝⁝ 등대, 하면 먼저 무엇이 떠오를까. 등대지기? 희망? 밤바다·외로움·그리움? 시?…, 어둠 속을 걷고 있을 때, 나타난 한줄기 빛? 아니면(농담 삼아) 등 대! 업어줘! 수많은 시인들이 읊조리고 뇌까린 소재 등대. 캄캄한 밤바다를 항해하는 배들에게 한 점 희망이 되기 위해 외롭고도 괴로운, 졸음 쏟아지는 긴긴 밤을 새우며 빛을 밝히는 등대지기. 어려움을 이겨내고 어둔 세상을 향해 빛을 내뿜는 희망의 상징이었다. 과학의 발달로 옛날식 의미의 등대는 사라져가는 추세이고, 요즘은 거의 다 자동화시스템으로 조정해 불을 밝히고 번쩍이게 한다.

## 세계 최초는 기원전 세워진 지중해 파로스등대

사라져가는 등대와 등대지기의 모든 것을 알 수 있는 국립 등대박물관으로 간다. 만주와 아시아 대륙을 향해 포효하며 도약하는 호랑이 형상의 한반도. 호랑이 꼬리 끝의 포항시 남구 호미곶면(본디 대보면이었으나, 2010년 1월부터 호미곶면으로 이름을 바꿨다) 호미곶에 자리 잡은, 국내 유일의 등대박물관이다.

‘등불을 밝히는 대’가 등대(燈臺)다. 운항중인 배가 정확한 항로를 파악할 수 있도록 설치한 시설물, 즉 항로표지의 일종이다(항공기 항로에도 항로표지가 있다). 항로표지엔 빛을 이용한 광파표지, 소리를 이용한 음파표지, 그리고 전파표지, 형태와 색으로 위치를 나타내는 형상표지 따위가 있다. 육지나 섬에 세우는

1930년~84년 강구항 서방파제등대에서 쓰던 등롱.

등대와, 내해의 암초 등에 설치하는 등표, 물에 띄우는 등부표들은 광파표지에 속한다. 따라서 등대박물관은 정확히 말하면 항로표지박물관이다.

세계 최초로 만들어진 등대는 무엇일까? 기원전 280~250년께 세워진, 지중해 알렉산드리아항 들머리에 있던 파로스등대다. 이집트 프롤레마이오스 왕조시대에 소스트라투스라는 건축가가 세운 높이 135m의 초대형 등대였다고 한다. 야자수를 태워 불을 피웠고, 유리 반사경을 사용해 40km 거리(광달거리)에서도 불빛을 볼 수 있었다고 한다. 그러나 파로스 등대는 서기 1100년과 1307년 두 번의 지진으로 파괴돼 사라졌다. 우리나라 최초의 근대식 등대는 1903년 처음 불을 밝히기 시작한, 높이 7.9m, 광달거리 10km의 인천 팔미도 등대다. 근대식 등대라고 한 것은, 이전에 우리나라에선 햇불이나 봉홧불, 꽹과리 등을 동원해 항로를 알리는 방식이 있었기 때문이다. 19세기말, 서구 열강들의 동아시아 진출이 활발해지면서, 1894년 대한제국 동무아문 등춘국에서 항로표지 업무를 담당하기 시작했다. 1902년 인천항 팔미도·소월미도 등대와, 백암·북장자서 등표 건설을 시작해 1903년 6월1일 팔미도에서 처음 불을 밝히게 된다. 이 등대는 100년 세월 불을 밝히다가, 지난 2003년 인천시 지방문화재로 지정돼 보존하고, 새 등대를 세웠다.

호미곶 등대박물관으로 들어가 보자. 무료다. 호미곶 바닷가 옆이어서 전망 좋고 공기 좋고 먹을거리도 많다. 등대박물관 시설은 크게 네 부분으로 나뉜다. 등대 등 항로표지 관련 유물과 기록들을 전시한 본관인 등대관과 해양문화를 다룬 해양관, 그때그때 특별전시를 하는 기획전시관, 그리고 야외전시장이다.


## 전국 유인등대 모두 40곳 남아


등대관 안으로 들어서면, 횃불·봉화·꽹과리 등 우리나라 옛날식 항로 안내 방식을 설명한 자료를 거쳐, 안내탁자 주변에서 수은조식 회전등명기와 안전수역 표지용 등부표 모형을 만난다. 여기가 전시관 2층이다. 먼저 왼쪽 문으로 들어가 영일만 지역의 역사문화를 소개한 자료를 본 뒤 계단을 내려가 본격적인 등대 관련 전시물 관람을 하게 된다.

60~70년대 등대원(등대지기)의 숙소와 사무실 모형과 3교대 근무방식 설명, 각 지역 등대와 관련한 옛 사진들을 볼 수 있다. 각국 최초의 등대 사진들과 항로표지 공무원들의 양성과정 기록(1946년), 수료증서(1951년), 인사발령 통지서(1949년)를 비롯해 등대원 임명장, 봉급명세서까지 살펴볼 수 있다. 1908년에 발행한 호미곶등대 신설과 위치, 구조 등을 알리는 관보, 장기곶등대에서 호미곶등대로 이름을 변경한 사실을 알리는 2002년 관보 등도 볼거리다. 우리나라엔 유인등대가 40곳이 있고, 무인광파표지는 3398개, 형상표지는 255개, 음파표지는 97개가 있으며, 포항의 유인등대는 7곳에 있다는 것, 그리고 일본 누보사키 등대, 미국 보스턴 등대, 프랑스의 꼬르두앙 등대 등 세계 각국의

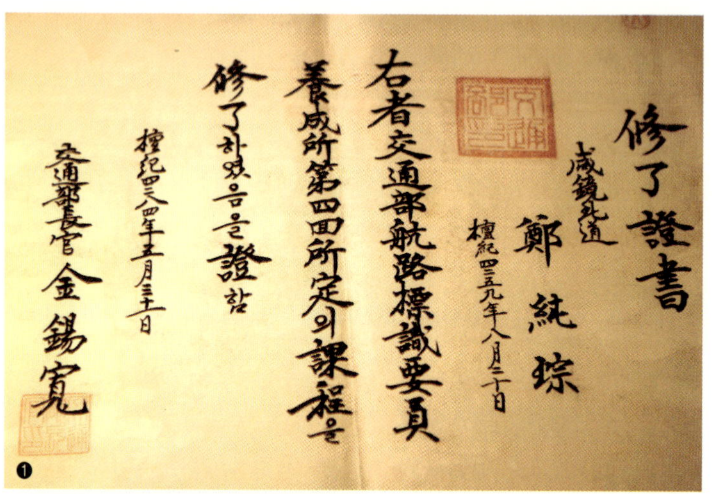

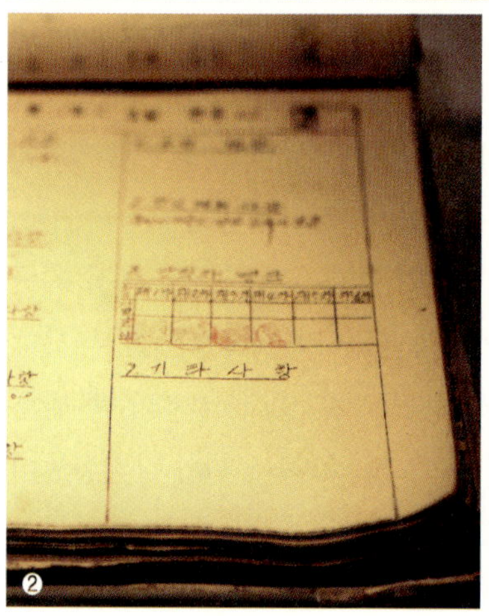

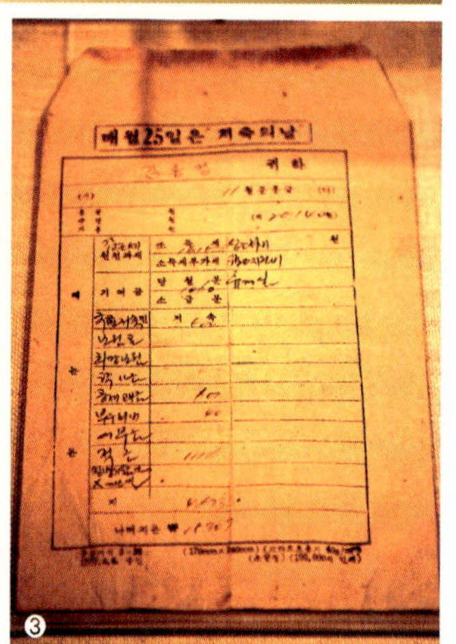

❶ 1946년 미군정 당시 항로표지 공무원 양성과정 수료증서.
❷ 1968년 장기갑(호미곶)등대의 등대일지.
❸ 등대원 봉급명세서.

   여행, 박물관 빼놓고는 상상하지 마라

유명 등대와 항로를 표시한 지도, 독도 관련 자료 등을 살펴볼
수 있다.

## 화면 · 터치버튼으로 항로표지 원리 체험도

등대과학관은 광파 · 음파 · 전파 등 각종 항로표지 구현 방식
을 화면과 터치버튼을 이용해 체험하는 공간이다. 음파체험의
경우 가장 음달거리가 큰 소리를 낼 수 있는 압축공기를 이용한
공기사이렌의 소리 발생 과정, 전기를 이용한 소리발생 과정, 직
접 종을 치는 타종 방식 등을 알아보게 된다.

대형 포구 모형을 통해 배가 들어가며 각종 항로표지의 쓰임
새를 체험하는 곳도 있다. 예컨대 바다에 뜬 흰 불빛의 부표는
암초가 있다는 표지이고, 오른쪽에 보이는 빨간색 등부표는 오
른쪽으로 항해하면 위험하다는 뜻이다. 또 여러 개의 노란색 등
부표가 깜박거리는 곳은 바다에서 공사를 하고 있다는 걸 알려
주는 표지다. 각종 등명기와 등롱(등명기를 보호하는 틀), 등부표
들을 전시한 광파표지 유물관을 거쳐 나선형 계단을 다시 오르
면 전파 · 음파표지 유물관이다.

2층 계단 옆에 세워진 수은조식 회전등명기는 1953년 일본에
서 제작돼 53년부터 79년까지 홍도 등대에서 사용하던 소형 회
전식 등명기다. 2층엔 음파탐지기, 각종 송수신기, 위성항법 수
신기, 레이더, 무종(직접 때려 소리내는 종)과 망치, 전기사이렌

박물관 옆 호미곶등대.

나팔 등을 살펴볼 수 있다. 전기사이렌의 경우 안개 등으로 시계가 나쁠 때, 전기모터를 이용해 특수금속판을 울려 진동식 소리를 내는 장비다. 1953년부터 75년까지 인천 선미도 등대에서 쓰던 사이렌이다. 소리 도달거리는 3.2km 정도다.

## 1908년 세운 호미곶등대 자태 볼만

코앞에 바다가 시원하게 펼쳐지는 야외전시관에선 1930년대 공기사이렌 나팔, 공기 압축기, 등부표, 그리고 각 등대에서 실제로 사용하던 발동발전기 등을 만날 수 있다. 무엇보다 아름다운 건 실물 호미곶등대다. 1907년 호미곶 앞바다에서 일본 배가 암초에 부딪쳐 난파한 것을 계기로, 프랑스인이 설계하고 중국인 기술자가 시공해 1908년 세운 높이 26.4m의 팔각형 서구양식의 등대다. 밑에서 중간까지 이어지는 곡선과 세 개의 창문의 어울림, 그리고 짙푸른 바다를 배경으로 하얗고 늘씬하게 솟은 몸체가 눈부신 자태를 뽐낸다. 호미곶등대 옆 테마공원엔 인천 팔미도등대, 제주 우도등대, 국내 최초로 엘리베이터가 설치된 화암추등대 등 각 지역 등대 모형이 전시돼 있다.

해양수산관에선 해양개척과 연구 자료, 해양경찰의 활동, 어류 표본, 각종 배 모형 등을 볼 수 있다. 전망대를 겸한 2층엔 기압계·콤파스·나침판·풍속계·고도측량기 등 배에서 사용하는 각종 기기들이 전시돼 있다.

광파표지 유물관


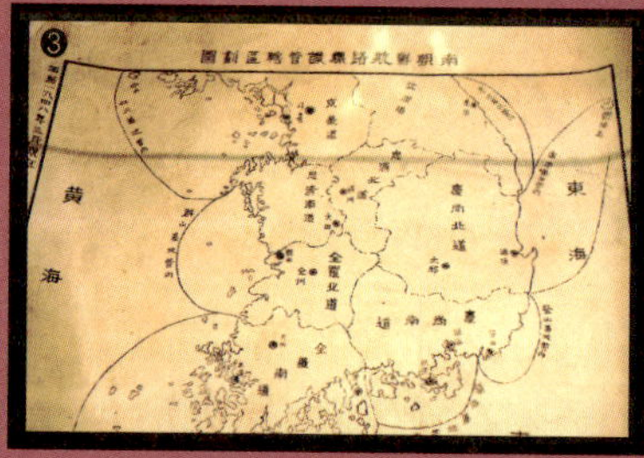

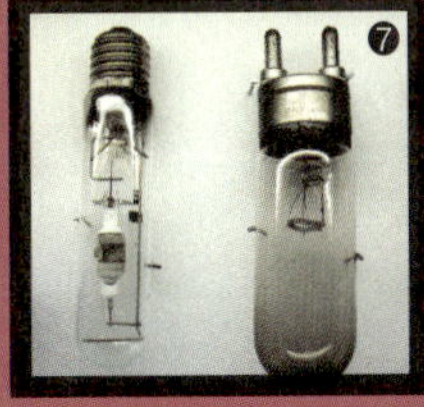

❶ 전기혼 나팔.
❷ 1954년~67년 법성포 등대에서 쓰던 아세틸렌 가스등 명기 등롱.
❸ 1947년 미군정 당시 남조선항로표지 관할구획도.
❹ 호미곶등대에서 쓰던 각종 물품들.
❺ 광파표지유물관 전경.
❻ 물에 띄워 불을 밝히는 등부표.
❼ 등대 광파표지용 전구들.
❽ 등대와 등대원 숙소 모형.
❾ 1953년 프랑스에서 만든 수은조식 회전등명기 복원품.
❿ 각 등대에 붙였던 등대 이름패.

# 박물관 +

포항 호미곶은 동해안 최고의 해맞이 명소다. 국립등대박물관 곁의 해맞이광장에 새해 첫날 수십만 명의 인파가 운집한다. 구룡포~호미곶~포항으로 이어지는 드라이브 코스도 명소다. 구룡포는 오래된 항구의 분위기가 난다. 뒷골목에 일제 때 가옥·건물이 즐비하다.

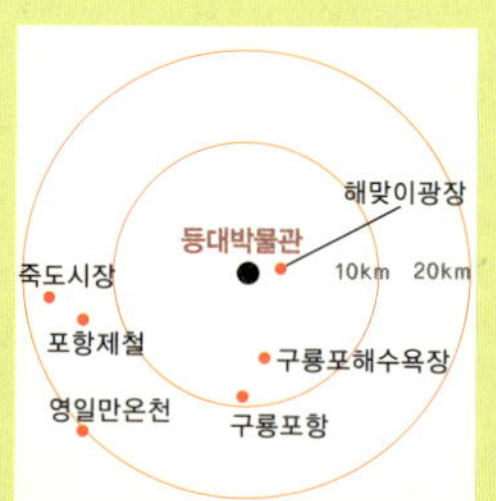



## 가이드 및 체험 프로그램

별도의 안내 서비스나 체험 프로그램은 없다. 대신 2월 7일 개관기념일과 어린이날, 바다의 날에 가면 해양과 등대를 폭넓게 이해할 수 있는 행사에 참여할 수 있다. 해양관련 동화책 나누기, 영화상영, 기념품 제작 등의 내용으로 구성. 주제는 매년 바뀐다. 등대박물관 홈페이지 새소식란 참조.

## 축제 및 연계 프로그램

새해 해맞이 행사인 호미곶한민족해맞이축전이 박물관 일원인 호미곶 해맞이 광장에서 열린다. 매년 20만 명 이상이 참가하는 대표적인 새해 해맞이 명소다. 과메기축제 등 전야행사와 해오름 콘서트, 떡국나누기, 소망의 풍선 날리기, 연날리기 등의 행사로 구성된다. ☎ 054-270-2373 http://phtour.ipohang.org

## 연관 박물관

**팔미도등대전시관** 인천 팔미도에 있다. 팔미도 등대는 1903년 불을 밝힌 국내 최초의 근대식 등대. 100년 간의 임무를 마치고 지방문화재로 지정. 이를 기념하는 박물관. 세계의 유명 등대와 항로표지의 역사를 전시한 항로표지 역사관과 인천상륙작전 홍보관으로 구성. 인천 연안부두에서 배를 이용한다. ☎ 032-831-4925

## 연계 투어

포항시에서 운영하는 시티투어가 있다. 매주 토·일요일(3월-11월) 1일 1회 운행. 포항역광장을 출발해 호미곶(박물관 포함), 포스코역사관, 경상북도수목원, 죽도시장 등을 기본으로 경유한다. 토·일 운영 코스가 약간 다르다. 소요시간 8시간. 요금은 3000원(중식과 입장료 별도). ☎ 054-243-7979 http://phtour.ipohang.org

## 가볼만한 여행지

**해맞이광장** 새해 첫날 해맞이축제가 열리는 곳. 해변과 육지에 세운 두 개의 손이 서로 마주보는 '상생의 손'이 특별한 메시지를 준다. 이 밖에 연오랑 세오녀상, 햇빛 채화기, 과메기탑 등의 볼거리가 있다.

**구룡포항** 호미곶으로 드는 관문이다. 겨울 대게가 날 때의 수협 위판장 풍경이 볼만하다. 가끔 그물에 걸린 고래가 부려지기도 한다. 낡은 골목 풍경도 놓치기 아깝다. 일제강점기 흔적을 둘러보는 골목탐방을 해볼만하다.

**죽도시장** 포항 시내에 있는 어시장이다. 호미곶을 찾은 관광버스가 단골로 찾을 만큼 인기다. 대게나 고래 고기, 회 등 해산물을 살 수 있다. 고추장 육수로 칼칼하게 맛을 낸 물회도 유명하다.

### 교통

경부고속도로와 대구~포항 고속도로를 이용한다. 포항IC에서 31번 국도를 따라 포항을 지나가면 호미곶. 호미곶을 한바퀴 도는 드라이브 코스는 취향에 따라 방향을 정한다.

### 숙박

등대박물관 주변에 해수장모텔(☎ 054-284-8044), 호미곶한나모텔(☎ 054-284-9802), 호미곶콘도텔(☎ 010-9555-8044) 등이 있다.

### 박물관 옆 맛집

포항을 상징하는 음식은 과메기(**사진**)다. 포항사람들의 겨울 별미였던 과메기는 이제 수천억원의 돈다발을 안기는 효자가 됐다. 겨울이면 구룡포와 호미곶을 한 바퀴 도는 해안가에선 과메기를 말리는 손길이 부산하다. 겨울철 호미곶 일대의 웬만한 식당에서는 과메기를 기본으로 판다. 포항시 과메기 특구 김순화 식당(054-283-9666)에선 사계절 내내 과메기를 맛볼 수 있다. 포항 죽도시장도 저렴한 값에 싱싱한 해산물을 맛볼 수 있다. 고래 고기에서 유명한 물회까지 판다. 구룡포항은 과메기는 물론 대게와 고래 고기도 유명하다.

창도 지붕도 없는 **녹슨 쇳덩어리**. 박물관 자체가 자물통이다. 서양은 열쇠가 발달했고, 동양은 자물쇠 몸통이 다양하다. **구멍의 음과 열쇠의 양**으로 다산을 기원하는 상징도 있다.

# 잠그고 여는
# 비밀의 안과 밖

쇳대박물관

주소 서울 종로구 동숭동 187-8  홈페이지 www.lockmuseum.org  전화 02-766-6494  관람시간 오전 10시~오후 6시(월요일은 휴관)  관람료 어른 3000원, 청소년 2000원, 어린이 1500원  전시물 국내외 전통 자물쇠, 빗장, 열쇠패, 장석 등  체험행사 별도로 없음.

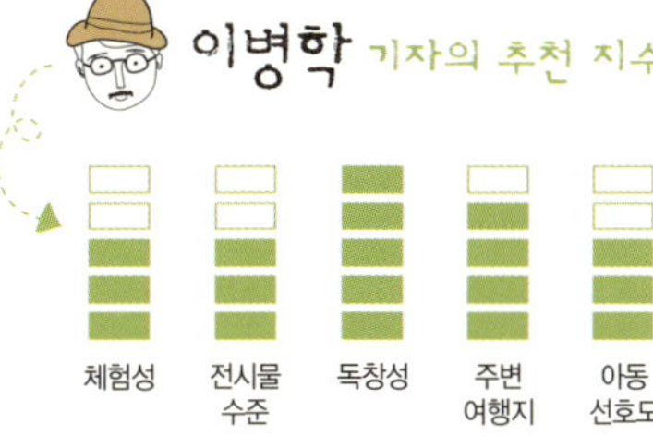

:: 나만의 것을 소유할 때 문을 닫아걸고 잠그는 일이 필요하다. 문과 자물쇠는 내 것과 네 것의 경계를 확실히 하기 위한 장치다. 소유욕과 지배욕, 지배계층과 부유한 사람들의 증대와 함께 발전해온 것이 자물쇠의 역사다. 소유한 것이 많아질수록 더 많은 자물통과 열쇠들이 필요해진다. 부자들의 소유욕이 커지면서 도둑들의 소유욕도 커지고, 감추는 기술이 발달하면 할수록 도둑질 기술도 정교해지면서 자물쇠의 기술도 덩달아 발달했다.

나라마다 형태 특색 뚜렷…
고려는 조선보다 더 정교

서울 대학로 뒷골목에 쇳덩어리 금고 같은 건물이 하나 있다. 창문도 없고 지붕도 없는 녹슨 사각형 쇳덩어리 건물이다. 물샐틈 없어 보이는 이 건물이 통장과 비밀번호, 지문이나 홍채 인식 장치 등에 밀려 사라져가는, 녹슨 자물쇠와 열쇠를 모아 전시하는 쇳대박물관인 건 썩 어울려 보인다(시커먼 바탕에 육중한 자물통 하나가 한가운데 턱 걸린 홈페이지도 어울린다). 건축가 승효상씨가 설계한 건물이라고 한다.

쇳대는 열쇠의 사투리로 자물쇠와 열쇠를 아울러 일컫는 말이다. 최가 철물점을 운영하는 '철물 장인' 최홍규(51)씨가 수집해온 자물쇠·열쇠들을 모아 2003년 쇳대박물관을 열었다. 규모는

작지만, 4000 점에 이르는 국내외 자물쇠 관련 수집품 중 ㄷ자형·원통형·물상형·붙박이형·함박형 자물쇠들과 열쇠패·빗장 등 350여점을 3층에 상설 전시하고 있다. 철제 자물쇠의 경우 가로·세로 1㎝ 정도 크기에서부터 폭 30여㎝에 이르는 대형 자물쇠까지 다양하다. 큰 것들은 대개 성문 등을 잠글 때 사용했던 것들이라고 한다. 철제 또는 은입사 자물쇠의 대부분은 조선시대 후기의 것들이다.

쇳대박물관 직원 김경민씨는 "서양에선 대체로 권위를 상징하는 열쇠가 발달한 반면, 우리나라 등 동양권에선 자물쇠 몸통이 다양한 형태로 발달해 왔다"고 말했다. 우리나라 자물쇠 형태의 기본은 대체로 자물통 옆쪽에서 열쇠를 넣게 돼 있는 ㄷ자형이지만, 부분적으로 변형된 형태에 따라 아랫부분을 둥글게 만든

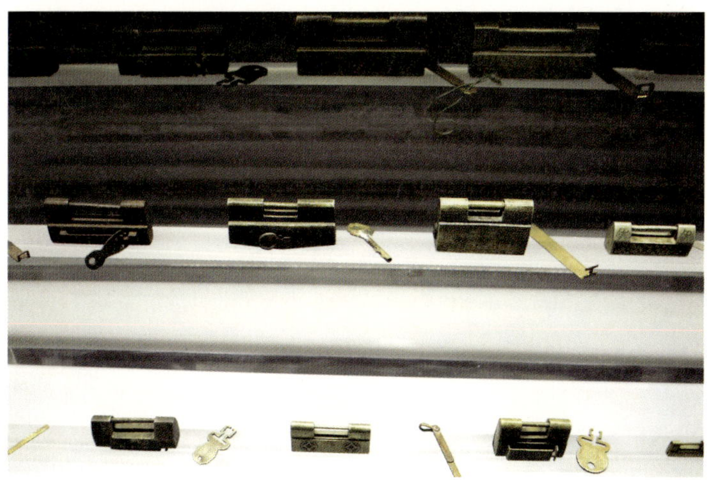

조선시대 ㄷ자형 자물쇠들.

두석장이었던 김덕용 · 김극천 선생의 작품을 전시한 두석장실.

원통형, 열쇠 구멍이 정면에 있으면서 구멍 부분을 볼록하게 만든 함박형, 전체 모양을 동물이나 사물 형상으로 만든 물상형 등으로 나뉜다. 열쇠구멍은 전통적으로 자물통 옆쪽에 위치해 일자형 열쇠를 밀어 넣어 여는 형태였으나, 실크로드를 통해 앞쪽에 열쇠구멍이 난 자물통 형식이 유입됐다고 한다. 고려시대에 만들어진 자물쇠도 있는데, 금동제 자물쇠·열쇠가 주류를 이루고 조선시대 것에 비해 형태와 새겨진 무늬들이 정교한 게 특징이다. 조선과 고려 시대 때 만들어진 용머리 모양의 자물쇠를 비교해 보면 차이가 확연히 드러난다. 고려 때는 용 형상을 주로 왕실에서 사용했으나, 조선시대에는 일반 사대부까지 쓸 수 있게 되면서 투박한 형식도 생겨난 까닭이다. 고려시대의 것은 용의 얼굴 표정까지 새겨 넣은 듯 정교한 조각 기술이 구현된 아름다운 자물쇠·열쇠들이지만, 부분적으로 훼손된 것들이 많다. 고려 이전의 자물쇠들을 찾아보기 어려운 것은 주로 가구 등에 장식용으로 썼던 데다, 낡은 가구를 폐기할 때 함께 버려졌기 때문으로 추정한다.

아프리카·중국·독일 등 다른 나라 자물쇠들과 빗장도 일부 살펴볼 수 있다. 여러 기계장치들을 복합적으로 활용한 독일 자물쇠, 티벳의 은입사 자물쇠, 터키·인도·중동 지역의 거북·물고기·소 등 다양한 동물 모습을 본뜬 물상형 자물쇠 등을 볼 수 있다.

국내외를 막론하고 자물쇠나 빗장에 십장생 등 동물 형상이 많이 등장하는 것은 복과 행운을 불러들이고, 들어온 재물을 잘 지켜달라는 기원을 담고 있기 때문이다. 물고기 형상은 눈을 뜨고 자는 물고기처럼 밤새 잘 지키라는 뜻과 다산을 기원하거나, 물고기가 변해 용으로 승천하라는 기원 등을 담고 있다. 박쥐 모양은 박쥐의 '쥐' 중국 발음이 우리나라의 '복'과 비슷한 데서 연유한 것이다. 박쥐는 5마리의 새끼를 낳는다 하여 오복을 상징하기도 한다. 자물쇠를 통해 다산을 기원하는 것은, 구멍이 있는 자물쇠가 음과 여성을, 열쇠는 양과 남성을 상징하기 때문이기도 하다.

자물쇠의 발달은 제련·야금 기술 등 금속문화의 발달과 함께한다. 조선시대 자물쇠의 경우 은입사 방식을 통해 동식물 무늬나 문자를 새겨 넣은 것들도 많다. 주로 모란이나 연꽃무늬, 복(福)·수(壽) 등으로 행운과 건강·장수를 기원하거나, 효(孝)·

고려시대 용머리 장식 자물쇠.

  여행, 박물관 빼놓고는 상상하지 마라

예(禮) 등 교훈적인 내용이 주류를 이룬다.


## 건물은 승효상씨 설계 '쇳대' 글씨는 법정 스님이

전시실엔 작은 방 두 개가 딸려 있다. 하나엔 두석장(중요무형문화재 64호)이었던 김덕용 선생과 김극천 선생의 장석 작품, 두석(주석을 말함, 구리·아연 합금)과 백통(구리·아연·니켈 합금) 장식을 제작하던 도구 등을 전시하고 있다. 다른 방에선 실제로 자물쇠가 사용된 조선시대 가구들과 여행가방 등을 살펴볼 수 있다. 쇳대박물관 건물은 건축가 승효상씨가 설계했고, 간판에 쓰인 '쇳대' 글씨는 법정 스님이 썼다.

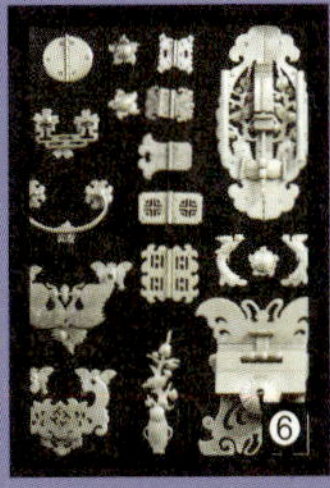

❶ 고려시대 용머리 장식 금동 자물쇠 일부.
❷ 독일의 자물쇠와 열쇠들.
❸ 전시실 전경.
❹ 쇳대 모양 노리개.
❺ 이화형 열쇠패.
❻ 두석장실에 전시된 김덕용 선생의 장석 작품.
❼ 물고기형 자물쇠.
❽ 아프리카의 빗장들.
❾ 중동의 전갈형 자물쇠.

# 박물관 ✛

대학로는 서울의 문화 중심지다. 개방적인 분위기를 좋아하는 이들은 홍대나 신촌을 더 치지만 분위기와 예술을 아는 이들은 대학로를 우선순위에 둔다. 연극 관람과 함께 박물관을 돌아보면 뿌듯한 여정이 된다.

### 가이드 및 체험 프로그램

해설사가 상주한다. 현장에서 신청 가능. 여름방학 기간 동안 초·중 학생들을 위한 체험프로그램을 운영한다. 쇳대를 만들던 대장장이 체험 등 주제와 형식은 매년 달라진다. 방학 전 박물관 홈페이지 게시판에 공지.

### 축제 및 연계 프로그램

매년 부정기적으로 특별 기획전시가 열린다. 이 기간 동안 관련 세미나와 강연 등도 함께 진행된다. 2009년 서울시내 5개 사립박물관(떡박물관, 북촌생활사박물관, 옹기민속박물관, 춘원당한방박물관)과 함께 연 '근대 100년, 한국인의 삶'이나 세계의 자물쇠 전, 건축가의 도어 핸들 전 등은 세간의 관심을 받았다.

### 연관 박물관

**철박물관** 충북 음성군에 있다. 철의 역사와 문화를 전시한 전문박물관. 실내전시관에서는 우리 조상들이 실제 사용했던 철제 민속품, 철강 관련제품 등을 통해 철의 역사를, 야외전시장에서는 현대의 제강공정을 전시. 철로 만들어진 옷을 입어보고, 금속공예를 배울 수 있는 체험 프로그램도 있다. ☎ 043-883-2321 www.ironmuseum.or.kr

### 연계 투어

종로구청에서 추천하는 혜화동 답사 코스가 있다. 국내 첫 한옥청사 '혜화동 주민센터'를 시작으로 짚풀생활사 박물관, 3백 년 전 겸재 정선이 그린 서울 속 풍경, 동소문을 지나 혜화문길, 현대시박물관, 장면가옥, 대학로연극센터, 삼청공원을 경유한다. 종로구청 ☎ 02-731-1835 http://tour.jongno.go.kr

### 가볼만한 여행지

**이화장** 서울 기념물 6호로 지정된 조선시대 건물. 해방 후 이승만 대통령이 귀국해 살았으며, 지금은 이승만기념관으로 보존되고 있다. 이승만 대통령이 국무위원에 대한 조각을 이곳에서 발표했다.

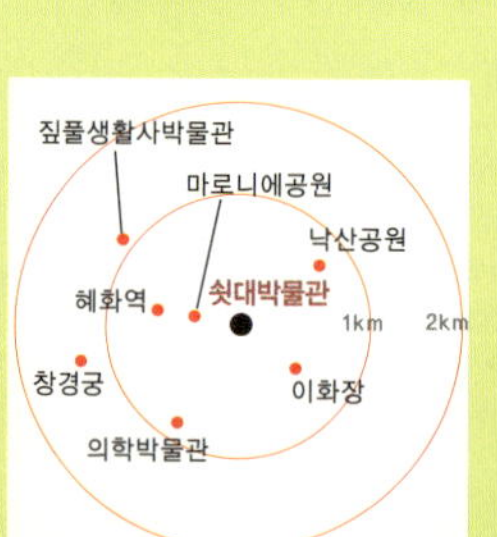

경내에 조각정과 생활관, 이승만 동상 등이 있다. 쇳대박물관에서 도보로 10분 거리.

**마로니에공원** 대학로의 상징이 된 곳. 서울대학교의 전신인 경성제국대학 시절에 심은, 수령 80년 된 나무들이 울창하다. 공원을 중심으로 소극장이 몰려 있다. 아마추어 가수들의 공연이 수시로 열려 대학로를 대학로다운 분위기로 만들어준다.

**의학박물관** 서울대학교병원이 운영하는 박물관. 우리나라 근대 의학 도입 이후의 각종 의료기기와 의학 관련 자료를 전시한다. 전시실은 천연두를 예방한 접종법을 처음 실시한 종두기계를 비롯한 유물이 전시된 병원사를 비롯해 의료기구와 인체체험 전시실이 있다. ☎02-2072-2635 www.medicalmuseum.org

## 교통

지하철을 이용하는 게 편하다. 쇳대박물관까지는 지하철 4호선 혜화역 2번 출구에서 도보로 5분 거리다. 혜화역에 정차하는 시내버스는 광역버스 9101-9410, 지선 2112-1012 등이 있다.

## 박물관 옆 맛집

대학로는 선택할 맛집이 많아 오히려 고민인 곳. 큰길 주변은 다양한 프렌차이즈 식당들 차지. 오래된 맛집들은 좁은 골목들 사이에 숨어 있다. 마미하우스(02-765-0842)는 가난한 연극인들의 배를 불려주던 청국장이 유명한 곳. 한식보다 퓨전이나 외국음식 전문식당을 선택하는 것도 좋다. 성균관대 정문 바로 앞에 위치한 페르시아궁전(02-763-6050)은 매운 카레(사진)로 젊은이들의 입맛을 사로잡았다.

놀이탈과, 신앙탈, 창작탈 등 기능도 모양도 제각
각이다. 몸과 마음의 갖가지 탈 고친다니 체험해볼 일이다. 그
런데 차마 못할 짓 하는 **인간은 사람의 탈**을 벗기를.

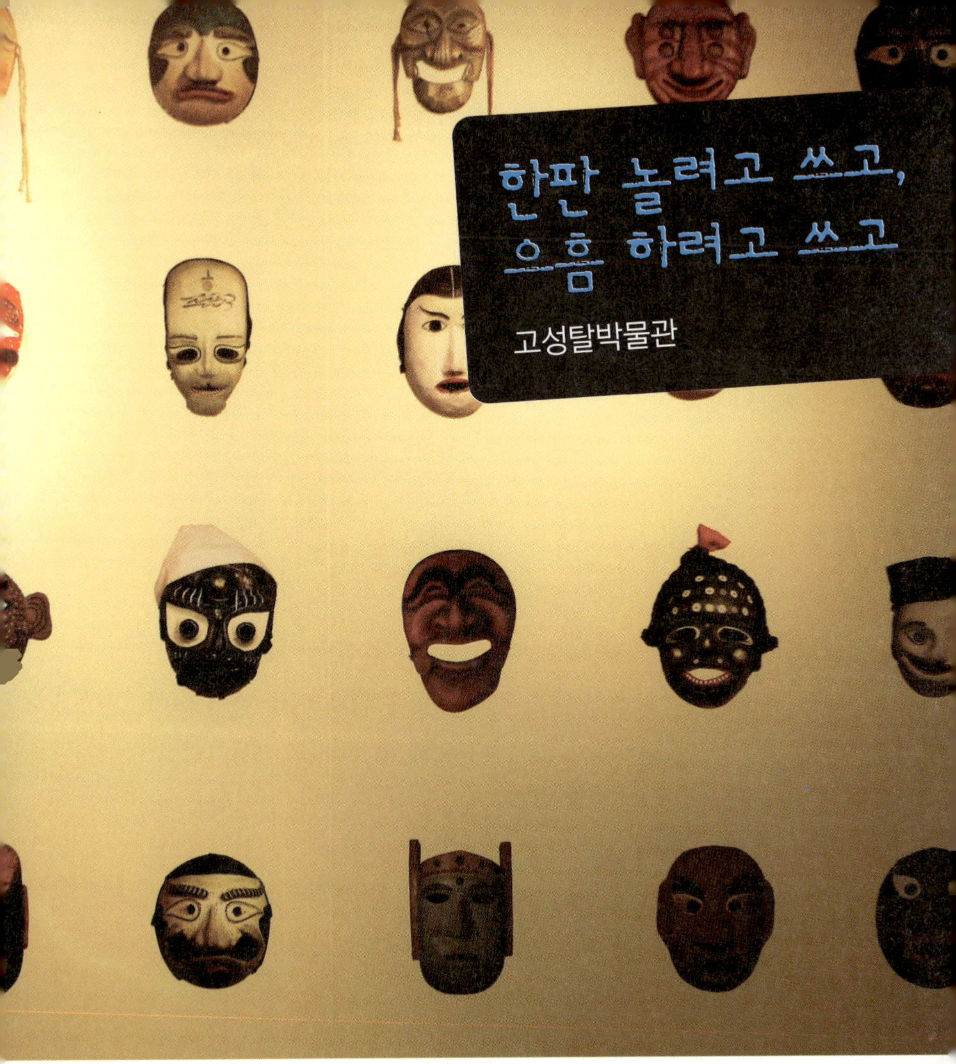

주소 경남 고성군 고성읍 율대2길 23  홈페이지 http://tal.goseong.go.kr  전화 055-672~8829  관람시간 오전 9시~오후 5시(매주 월요일, 법정 공휴일의 다음 날, 1월1일, 설날·추석 당일은 휴관)  관람료 어른 2000원, 어린이·청소년 1000원  전시물 국내외 주요 탈과 탈춤 자료, 고성오광대 등 전통 탈놀이의 구성, 탈 만드는 재료 등  체험행사 탈 만들기(5000원), 탈 색칠하기(4000원), 탈할아버지의 비밀은 참가비 5000원.

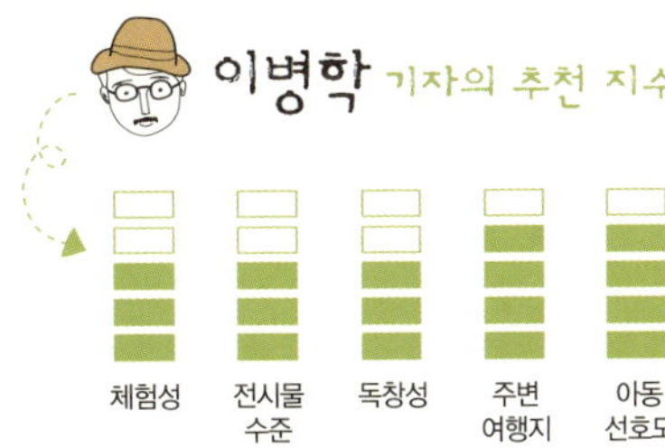

:: 탈이란 '얼굴을 감추거나 달리 꾸미기 위하여 나무, 종이, 흙 따위로 만들어 얼굴에 쓰는 물건'을 가리킨다(네이버 국어사전). 가면(假面), 마스크와 같은 말이다. 인간은 수천년 전부터 탈을 만들어 썼다. 종교의식을 행할 때도 쓰고, 놀 때도 쓰고, 춤출 때도 쓰고, 위엄을 과시할 때도 썼다. 남이 모르게 무슨 일을 꾸밀 때도 탈을 뒤집어 쓴 채 행하기도 했다. 인간의 탈을 쓰고는 차마 못할 짓을, 다른 탈을 쓰고 저지르기도 한다.

## 신석기시대 조개껍데기 가면 재현한 탈도

탈은 갑자기 일어난 사고, 병, 나쁜 일 따위를 가리키는 말이기도 하다. 뜻밖에 생긴 궂은 일이나 나쁜 일을 미리 막기 위해 쓰는 도구 또한 탈이다. 탈을 막기 위해 탈을 쓰고 진행하던 행사에 사용된 탈을 신앙탈이라고 한다. 신앙도구로서의 탈은 점차 주술적인 역할이 사라지면서 놀이로서의 탈로만 기능하게 된다. 이런 놀이탈들을 예능탈이라고 하는데, 국내엔 지역마다 독특한 탈놀이가 전승돼 오고 있어 각양각색의 예능탈들을 살펴볼 수 있다.

경남 고성 탈박물관에서는 탈을 물리치기 위해 전통적으로 사용된 여러 가지 재미있는 탈과, 새로 만들어 놓은 현대 작품탈들을 감상할 수 있다. 고성오광대 탈 등 주로 경남지역 탈을 중심으로 한 놀이탈과, 신앙탈, 창작탈을 둘러보며 탈의 역사와 의미를 깊이있게 학습할 수 있는 공간이다.

　탈 박물관에 들어서기 전에 먼저 만나게 되는 것이 무수히 세워진 장승들이다. 박물관 들머리 길옆 소나무숲에서부터 박물관 앞마당까지 웃고 울고 화내고 떠들고 슬퍼하고 기뻐하는 표정의, 크고 작은 장승들이 빼곡하게 들어서 있다. 중요 무형문화재 제7호 고성 오광대 탈 제작 기능 이수자인 탈박물관의 이도열 관장이 직접 만들어 세운 것이다. 장승도 나쁜 기운을 물리치고 좋은 기운을 불러들인다는 점에서 탈의 일종으로 보기도 한다. 장승들은 계속 새로 만들어 세워지고 있다.

　2000원을 내고 들어서면 먼저 탈과 가면이 무엇인지에 대해 공부하게 된다. 우리 조상들은 나쁜 기운, 귀신, 병을 물리치기 위한 여러 가지 액막이 도구들을 사용해 왔는데 탈도 그중 하나

고성오광대 탈놀이의 큰어미탈. 처진 눈꼬리와 입은 늙음, 죽음을 상징하고, 치켜올라간 모습은 젊음, 생명을 상징한다.

다. 탈바가지, 초라니 등으로 불려온 가면, 즉 얼굴 가리개다. 탈은 새로운 인격 또는 신격으로의 역할바꾸기용 도구다. 탈을 쓰는 순간, 동물도 되고 양반도 되고 중도 되고 용왕님도 되고 잡신도 된다. 연날리기·부적지니기 등 개인이 나쁜 탈을 쫓는 방법, 금줄치기·엄나무가지 대문에 걸기 등 집안에 들어오는 액을 물리치는 방법, 동제지내기·장승세우기 등 마을에서 나쁜 기운을 막는 방법 등을 공부하고 본격적인 탈 구경에 들어간다.

탈춤에 등장하는 형태별 여러 탈들과 신앙·벽사를 위해 쓰인 탈들이 이어진다. 부산 동삼동 패총에서 발굴된 신석기시대 조개껍데기 가면(재현품)과 여러 사람이 모여 음식을 먹을 때 조금 떼어 던지며 '고시래(고시레)' 하고 외치는 그 고시래(농사짓는 법을 처음 사람에게 가르쳐줬다는 '고시'를 일컬음)를 형상화한 탈, 잡귀(역신)를 물리치는 데 썼던 처용탈, 장례행렬의 맨 앞에서 쓰고 춤을 추며 잡귀를 물리치는 구실을 했던, 눈이 네 개 있는 방상시탈, 사당에 걸어두던 청계씨탈 등을 차례로 만난다. 전시된 탈들은 대개 최근에 만들었거나 60년대에 사용된 것들이 대부분이다.


## 의식 행사에 사용 뒤 모두 태워 옛 탈 귀해


탈은 역할을 바꿔 새 인격·신격을 나타냈던 도구이다. 각종 의식에 사용됐던 탈들은 모두 태워 없애는 게 관례였다. 그 귀신

❶ 북청사자놀이에 등장하는 탈들.
❷ 부산 동삼동 패총에서 나온 조개탈 재현품.
❸ 탈 체험장 벽면에 걸어놓은 인간의 다양한 표정을 새긴 나무판.

이 붙어 있다고 믿었기 때문에 집에 들이지도 않았다. 마을 행사에 연례적으로 사용해온 탈이라 해도 따로 당집을 지어 보관해왔다. 고성 탈박물관 학예사는 "전국 곳곳에 전통 탈놀이들이 전수돼 오고 있지만, 오래된 탈들이 별로 남아 있지 않은 이유가 바로 행사 뒤 불태워졌기 때문"이라고 설명했다.

고구려 무용총 벽화에 등장하는 탈에서부터 신라의 검무·처용무에 쓰던 탈, 일본에 200여 개가 남아 있다는 백제의 탈 '기악면', 고려시대의 궁중의식 나희와 산대놀이, 조선시대의 산대나희와 처용무 등 우리나라 탈춤의 역사를 살펴보고 고성 오광대 탈들을 만난다. 고성 오광대는 조선시대 섣달 그믐의 세시행사로

고성오광대 탈놀이의 한 장면.

벌여온 탈놀이다. 문둥광대, 오광대, 비비, 승무, 제밀주 등 다섯 과장으로 구성돼 있다. 고성 오광대에 등장하는 탈로는 말뚝이·양반·비비·큰어미탈 등 20개가 전해지고 있다. 양반의 부도덕과 위선을 폭로하고 조롱하는 역할을 하는 말뚝이는 오광대 탈놀이의 대표적인 등장인물이다. 1960년대 탈놀이에 사용된 말뚝이탈, 문둥이탈, 다섯 방향을 상징하는 색깔(오방색)의 의상을 입고 등장하는 다섯 양반탈, 무엇이든 다 잡아먹는다는 상상의 괴물 비비(또는 영노)의 탈 등을 볼 수 있다.

제주 입춘굿 탈놀이에 등장하는 탈들을 보고 나면 탈을 만드

는 갖가지 재료들이 다가온다. 닥종이·나무·바가지·짚 등이
탈을 만드는 재료로 쓰였다. 닥나무로 만든 닥종이는 매우 귀했
기 때문에 조선 인조 때의 기록에 '궁중에서 쓰는 탈의 재료를
종이에서 나무로 바꾼다'고 하는 내용도 있다고 한다. 북청사자
놀이에 쓰이는 탈들과 동물형상의 탈을 보고 현대에 제작된 작
품탈 전시 코너가 이어진다. 생명을 주제로 '생태계탈'이란 이름
을 붙여놓은 대형 나무조각들이다.

닥종이·나무·바가지·짚 등 재료...
믿거나 말거나 체험

이곳에는 반원형 공간에 마련된 탈 체험코너도 있다. 여러 가
지 탈의 표정을 새긴 긴 나무판들을 벽면에 걸어놓은 체험 공간
가운데 서서 눈을 감으면, 몸과 마음에 도사린 갖가지 탈을 고칠
수 있다고 한다. 믿거나 말거나, 일단 인간만사 희로애락의 표정
들이 지켜보고 있는 반원형 공간 한가운데 서서 눈을 감고 볼 일
이다. 이어지는 마지막 전시실엔 세계 여러나라의 탈을 전시했
다. 중국의 나당희에 쓰인 탈, 일본의 가면극 노에 사용되는 탈,
티베트의 가면들, 아프리카 나라들의 탈들을 만나게 된다.

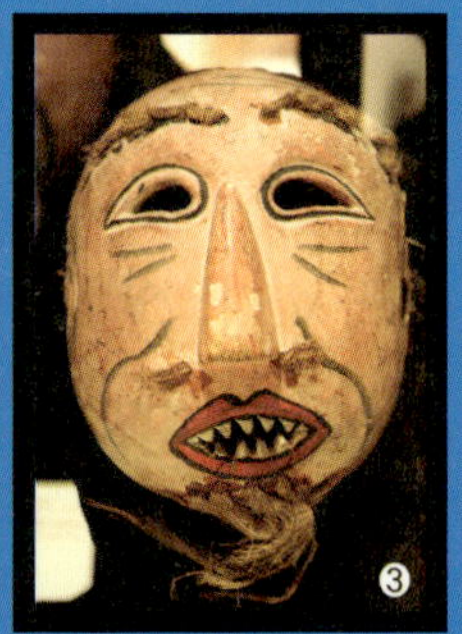

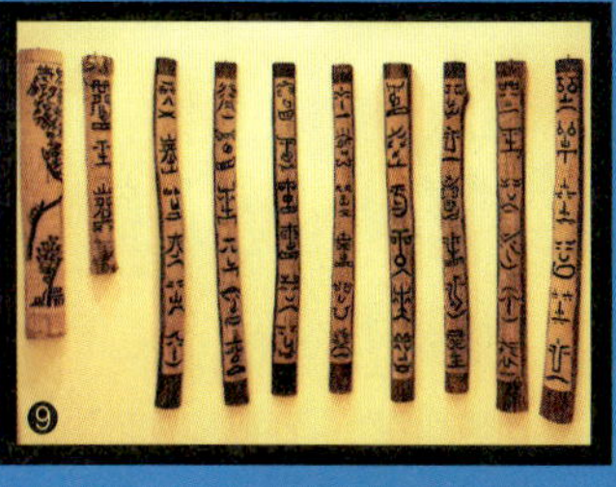

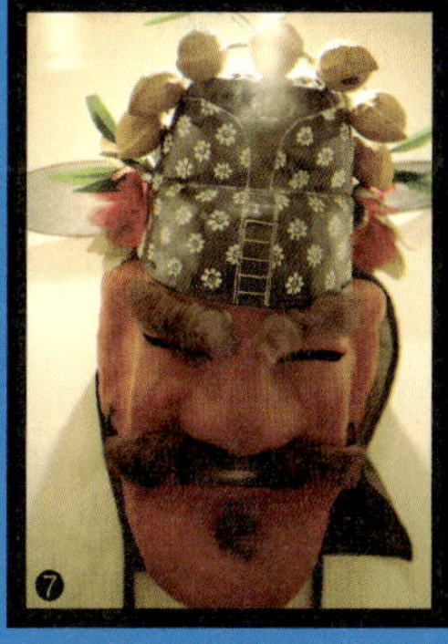

❶ 고성오광대 탈놀이의 문둥이탈.
❷ 장례행렬 맨 앞에 등장하는 눈이
   넷 달린 방상시탈.
❸ 고성오광대의 시골영감탈.
❹ 제주입춘굿탈놀이에 쓰는 탈들.
❺ 오광대 탈놀이의 대표적 등장인물인
   말뚝이 탈과 옷차림.
❻ 고성오광대 탈놀이의 비비탈. 무엇이든
   잘 먹어치우는 상상의 괴물이다.
❼ 처용탈.
❽ 고시래탈.
❾ 탈체험장의 여러 표정을 새긴 긴 나무판들.

# 박물관 +

경남 고성은 남해에 접해 있다. 수도권에서 오가는 시간을 고려하면 최소 1박2일은 잡는다. 통영의 바닷가나 거제도까지 연계하려면 2박3일은 잡는 게 좋다. 최근 주가를 높이고 있는 공룡테마파크와 연계하면 아이들에게는 최적의 여행지가 된다.

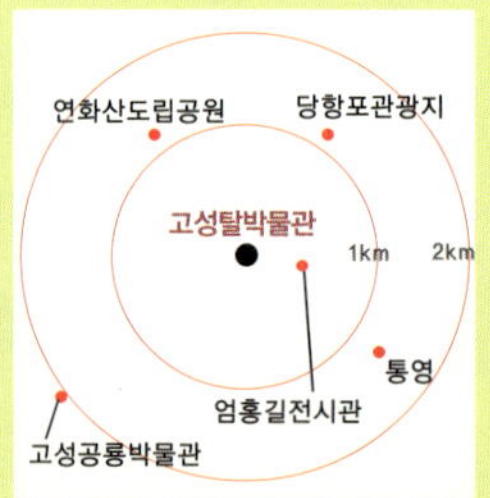



## 가이드 및 체험 프로그램

해설사가 상주한다. 사전 예약 필요. 종이죽을 이용한 탈 만들기와 색칠하기 체험이 있다. 30인 이상 단체는 상시, 가족단위는 놀토에 가능. 참가비는 각각 4000원과 5000원. 고성오광대, 고성농요와 연계해 탈춤과 농요까지 배울 수 있는 탈할아버지의 비밀을 추천한다. 둘째, 넷째 토요일. 참가비 5000원.

## 축제 및 연계 프로그램

탈을 쓰고 한판 난장을 벌이는 고성오광대놀이를 볼 수 있다. 오광대는 낙동강 서쪽지역의 탈춤을 가리키는 말. 놀이는 문둥이춤·오광대춤·중춤·비비춤·제밀주  춤의 5마당으로 구성된다. 고성오광대보존회가 있는 고성군 하이면 일대에서 정기와 비정기 공연이 열린다. 자세한 안내는 고성오광대보존회 홈페이지(www.ogwangdae.or.kr) 참조.

## 연관 박물관

**하회동탈박물관** 하회탈과 병산탈의 고장 경북 안동시 하회리에 있다. 한국인을 가장 많이 닮은, 그 자체로 하나의 예술품이 되는 하회탈과 병산탈의 가치를 느끼게 되는 곳. 한국관, 세계관, 아프리카관으로 구성돼 세계 각지의 탈들을 엿볼 수 있다. 탈방에서 탈만들기 체험 가능. ☎ 054-853-2288 www.mask.kr

## 연계 투어

상설 투어 프로그램은 없다. 박물관 지척에 삼국시대 소가야 유적지가 있다. 세력가의 무덤으로 추정되는 송학동 고분군과 내산리 고분군이다. 서기 400년경에 만들어진 68기의 고분을 따라 걷는 유적 산책. 고성군청에서 운영하는 문화해설사의 도움을 받으면 좋다. 신청은 고성군청 (☎ 055-670-2203 http://visit.goseong.go.kr)

### 가볼만한 여행지

**고성공룡박물관** 공룡발자국이 발견된 상족암군립공원에 있다. 공룡을 테마로 한 다양한 전시물이 있다. 실내 전시관을 빠져나오면 공룡발자국 화석지로 연결이 된다. 외부에도 크고 작은 공룡이 전시됐다. ☎ 055-832-9021

**당항포관광지** 매년 공룡엑스포가 열리는 곳이다. 엑스포가 끝난 후에도 고성자연사박물관 · 당항포해전관 · 거북선체험관 등은 상시 개관한다. 퇴역한 군함 수영함에도 올라볼 수 있다. 여름에는 요트교실도 열린다. ☎ 055-670-4501

**엄홍길전시관** 아시아 최초로 히말라야 8000m 이상 16좌를 완등한 엄홍길의 업적을 기리는 전시관. 엄홍길의 생애와 16좌 완등기, 히말라야의 생성 및 등반 과정 등을 사진과 등반장비 등을 통해 알 수 있게 했다. ☎ 055-670-3180

### 교통

수도권과 중부에서는 대전~통영고속도로를 이용, 고성IC로 나온다. 탈박물관은 고성읍내에 있다. 고성IC에서 10분 거리. 고성읍까지는 서울과 부산, 대전, 대구 등지에서 고속버스가 자주 있다.

### 숙박

고성읍내에 프린스호텔(055-673-7477)을 비롯한 숙박시설이 있다. 공룡박물관과 당항포관광지의 오토캠핑장을 이용하는 것도 방법이다. 쥬라기리조트(☎ 055-673-0093)는 퍼블릭 골프장(9홀)을 갖춘 리조트다.

### 박물관 곁 맛집

고성군청 옆 골목에 있는 장원식당(055-674-4475)은 철마다 앞바다에서 나오는 생선을 재료로 갖가지 국과 탕을 끓여 내는 집. 이른봄엔 은은한 쑥향이 입맛을 돋우는 도다리쑥국을 내고, 봄 · 가을로는 못생겨도 맛은 구수하고 시원한 쑥기미탕(삼식이탕 · 사진)을, 겨울엔 대구탕, 물메기탕 등을 차려낸다. 아랫동네 통영은 굴과 충무김밥으로 많이 알려졌지만, 졸복 · 도다리 등 생선탕을 내는 집들도 이름 높다. 분소식당(☎ 055-644-0495), 부일복국(☎ 055-645-0842)

우리나라에서는 언제부터 돈이 있었을까? 왜 엽전이었을까? 세계 화폐 · 금융 관련 자료 13만2000여점 한눈에. 지폐에 찍힌 인물이나 사물을 보면 역사와 문화가 보인다.

# 20원짜리가 1억5000만원, 돈 구경 재미 흠뻑

화폐박물관

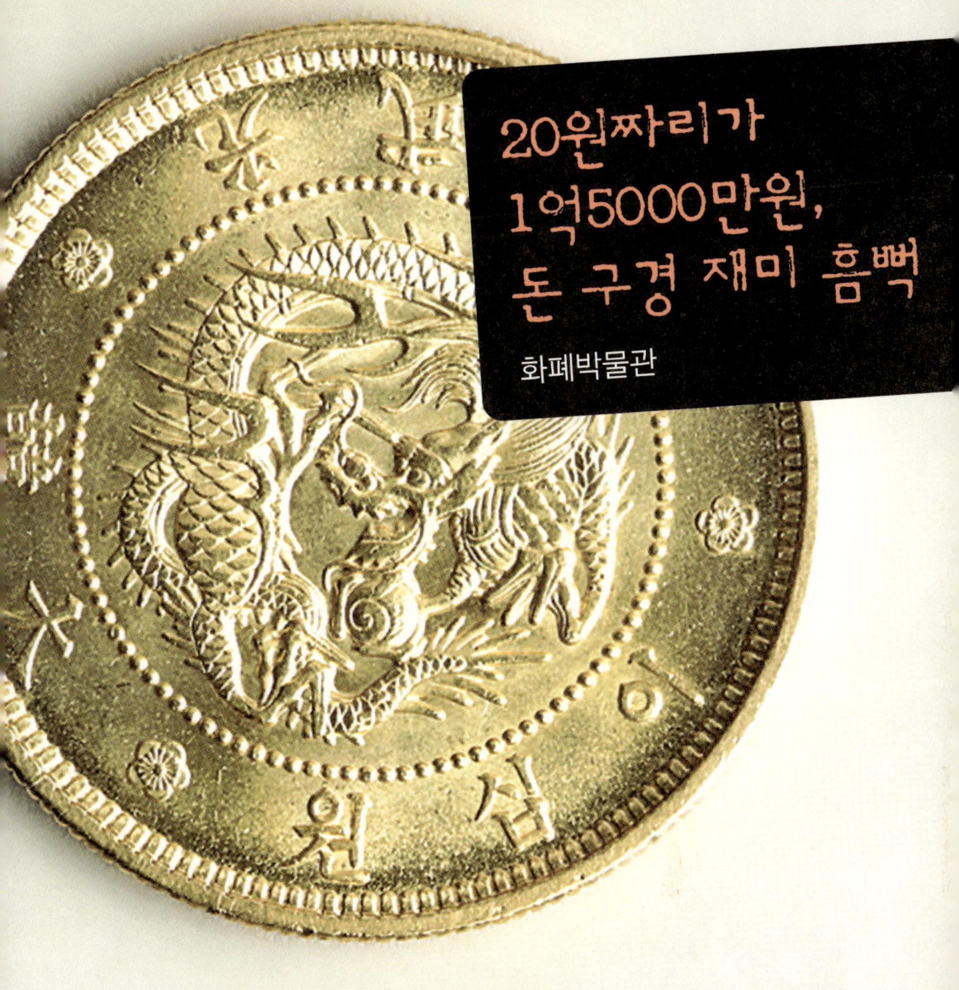

**주소** 대전광역시 유성구 과학로 54(가정동 35) **홈페이지** http://museum.komsco.com **전화** 042-870-1000 **관람시간** 오전 10시~오후 5시(매주 월요일, 1월 1일, 설날 연휴, 추석 연휴, 정부지정 임시 공휴일은 휴관) **관람료** 무료 **전시물** 동전 · 엽전 등의 전통 주화, 우표 · 메달 · 훈장과 세계 각국의 은행권 등 **체험행사** 5만원권 인물 사진 찍기, 주화 만들기(500원), 스탬프 찍기 등.

**이병학** 기자의 추천 지수

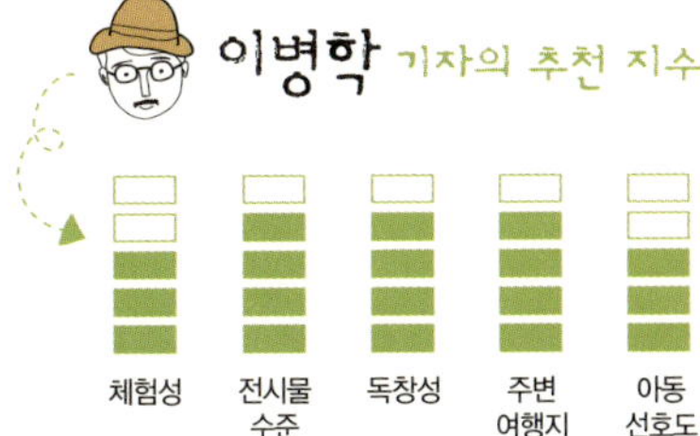

∷ 돈 박물관. 싱싱한 돈을 만들어내는 기관 옆에 묵은 돈을 전시하는 박물관이 있다. 대전 한국조폐공사 옆에 자리 잡은 큼직한 2층 독립 건물이 화폐박물관이다. 1988년 개관한 국내 첫 화폐, 금융 관련 박물관이다(서울 옛 한국은행 건물에도 화폐금융박물관이 있다). 돈 박물관이니, 돈의 가치를 액면가대로 묻고 따지는 곳은 아니다. 자본주의 사회에서 돈의 막강한 위력을 몸소 체험하며 근근이 살아가고 있는 소시민의 한 사람으로서 '어떤 돈이 값나가는 돈일까'가 먼저 궁금해진다. 들여다보니, 김치도 묵은 김치가 깊은 맛을 내듯, 가치로 따지면 돈도 묵을수록 더 쳐준다. 묵은 돈도 그냥 묵은 게 아니라, 희소성을 갖고 묵어야 값어치가 나간다.

## 금화 녹여서 금붙이로 쓰는 바람에 실제 유통엔 실패

화폐박물관에서 근무하는 한국조폐공사 고객지원실 박노환 차장이 말했다.

"우리 박물관에서 가장 비싼 돈 말입니까. 뭐 대단한 건 없구요. 고종 때 제조된 금화가 있습니다. 20원짜리가 1억5000만원, 10원짜리가 5000만원 가량 하죠."

우리나라는 1887년(고종 24년) 최초의 상설 조폐기관인 경성전환국을 설립하면서 근대식 화폐제도를 도입했다. 이어 당시 세계 주요국들이 채택하고 있던 금본위제도에 따라 우리나라도

1882년(고종 19)에 제작된 최초의 서양식 화폐인 대동은전.

1901년(광무5년) 금본위제도를 채택하고 1906년 최초의 금화를 발행했다. 이때 20원, 10원, 5원짜리 3종의 금화가 발행(오사카조폐국 제조)됐는데, 이 중 하나가 1억5000만원을 호가한다는 20원짜리 금화다. 이 금화들은 청나라와 무역에 쓰기 위해 만든 것인데, 금화를 사들여 녹여서 금붙이로 쓰는 바람에 실제 유통엔 실패했다고 한다. 박 차장은 "각 주화가 100개 정도씩 남아 있을 것으로 추정되는데 주로 외국인들이 소장하고 있다"며 "5원짜리 금화는 특히 귀해 찾아보기 어렵다"고 말했다.

속된 궁금증은 이 정도로 하고 화폐박물관 전시실에 일목요연하게 깔아놓은 돈의 역사와 문화를 살펴보자. 화폐박물관이 보유한 화폐·금융 관련 자료는 13만2000여점에 이른다. 이 중 4800여점을 1, 2층 4개의 전시실에 종류별·시대별로 나눠 전시하고 있다. 동전·엽전 등 주화의 모든 것을 살펴볼 수 있는 1전시실(주화역사관)에서부터, 우표·메달·훈장에다 세계 각국의 은행권을 두루 보고 배우는 4전시실(특수제품관)까지 거치면 비로소 돈이 돈이 아니라 인류 역사를 이끌어온 복잡한 문화현상이란 걸 깨닫게 된다. 사회적 동물일 수밖에 없는 인간의 복잡다단한 삶과 문화가 흥미진진하게 전개된다.

화폐의 기원은 인류가 한 곳에 정착해 자급자족하던 때로 거슬러 올라간다. 일정한 형태의 화폐가 생겨 물품 교환의 수단으로 이용되기 전까지는 특정한 물품 자체가 화폐의 구실을 했다. 곡식이나 옷감·가죽 따위가 그것이다. 이어 물품교환의 매개 구실을 하는 화폐가 등장했다. 기원전 20세기 무렵 열대지방에선 조개껍질이 화폐로 사용됐고, 중국 내륙에선 귀했던 생선의 모양을 본뜬 말린 생선 모양의 청동화폐 '어폐'가 쓰였다고 한다. 기원전 8~2세기 무렵 쓰인 농기구를 본뜬 포전이나 칼을 본뜬 도전도 마찬가지 형식이다. 서양에선 옛 터키 지역에서 기원전 670년께 사자 머리 모습을 도안한 금·은화가 쓰였고, 고대 그리스에선 기원전 510년께 올빼미를 새긴 드라크마란 은화가 만들어져 쓰이며 서양 주화의 모델이 됐다고 한다.

박물관 외벽에 조각된 상평통보.

우리나라에선 고조선시대에 자모전이 있었고, 삼한시대에도 동전과 금·은전(무문전), 철 등이 화폐로 사용됐다고 한다. 최초로 주조된 주화는 고려 성종 15년(996년)에 나온 철전이다. '건원중보 배 동국전'이란 주화로 실물이 전해지는 우리나라의 가장 오래된 화폐다. 동양의 주화가 둥근 테두리에 가운데 네모난 구멍을 뚫은 모양을 한 것은, 둥근 것은 하늘을 본뜨고 네모난 것은 땅을 본뜬 것으로 동양사상의 삼라만상 이치를 담고 있다. 고려 때 임춘이 지은, 돈을 의인화한 소설 〈공방전〉의 공방(孔方)도 엽전을 가리키는 말이다. 공(孔)은 엽전의 둥근 모양을, 방(方)은 네모난 모양을 뜻한다.



엽전은 왜 엽전(葉錢)일까. 주화를 주조할 때 최대한 대량으로 생산하기 위해 고심한 흔적이 이 말에 들어 있다. 제조과정에서 엽전의 틀을 여러 개 만들고 한꺼번에 쇳물이 동시에 흘러들게 하려면 형틀(거푸집)을 서로 연결시켜야 했다. 이렇게 효율성을 극대화해 나온 틀 모양이 나뭇잎을 닮아 엽전이란 이름이 붙은 것이다. 구멍을 네모지게 한 데는 주화의 마지막 손질이나 유통과정에서의 편의성을 고려한 측면도 있다. 거푸집에서 나온 주화는 거친 모서리를 다듬는 과정을 거치는데 이때 네모난 금속

막대에 여러 개를 끼우고 고정시켜 줄로 한꺼번에 다듬었다고
한다. 네모진 구멍은 엽전을 대량으로 끈에 꿰어 운반하거나 보
관하기에도 편리했다. 전시실 한쪽엔 주화 제조과정을 한눈에
살펴볼 수 있는 조선시대 엽전 주조 시설 모형을 설치해 놓았다.

중국과 상거래가 빈번하던 우리나라엔 오래전부터 중국의 당
전, 송전 등 주화도 들어와 유통됐다. 중국전은 우리나라뿐 아니
라 일본 등에서도 유통됐다. 전남 신안 앞바다에서 발굴된 14세
기 초의 무역선에선 무려 800만개의 각양각색 동전이 쏟아져 나
왔다. AD 14년에 주조된 중국 신나라의 주화 화천에서부터 원
나라의 지대통보에 이르기까지 1300년의 기간에 걸쳐 만들어진
234종의 주화로, 무게가 28t에 이르렀다고 한다.


## 세계 각국의 지폐에는 오페라 가수, 심리학자도 등장


흥미진진한 돈의 역사는 2층 지폐역사관으로 이어진다. 종이
돈의 과거와 현재가 모두 들어 있다. 여기엔 일본 제일은행권,
일제 강점기의 조선은행권, 광복 뒤 한국은행권들이 발행 시기
와 종류별로 전시돼 있다. 세계에서 처음으로 사용된 지폐는
997년 중국 북송시대에 사천지방에서 발행된 예탁증서 형태의
'교자'라고 한다. 주로 상인들 사이에서 사용되다가 1023년엔 교
자발행소가 세워지면서 일반인 사이에서도 널리 유통됐다고 한
다. 서양의 첫 지폐는 17세기초 영국에서 쓰였는데, 주화의 도난

100만달러짜리 캐나다, 미국 화폐와 중국의 금박지폐 등 각국의 비법정 화폐(사용되지는 않는 기념 지폐).

방지를 위해 기관에 주화를 맡기고 받은 일종의 예치증서였다. 우리나라 최초의 종이돈으로는 저나무 껍질로 만든 저화에 대한 기록이 조선시대 〈대전통편〉에 전하나 실물에 대한 자료는 없다. 지폐역사관에선 초창기 지폐로 13세기 중국 원나라 때 발행된 '지원통행보초' 영국의 635파운드짜리 지폐(1699년) 등을 볼 수 있다.

일반 지폐와 '외화와 바꾼 돈표'라는 특수화폐가 함께 쓰이는 북한의 지폐도 흥미롭고, 은행권이 만들어지는 과정에 대한 전시물도 재미있다. 세계 각국의 지폐를 살펴볼 땐 그냥 둘러보기보다 지폐에 등장하는 인물이나 사물들을 눈여겨 관찰해볼 만하다. 유럽 지폐의 경우 그 나라의 국왕이나 유명 정치가의 초상이 많이 등장하지만, 최근엔 다양한 직업의 현대 인물들을 등장시키는 추세가 뚜렷하다고 한다. 우리나라 지폐와 비교해 볼 때 상식을 뛰어넘는 등장인물이 많다. 민속학자(노르웨이), 여권운동가(뉴질랜드), 심리학자(오스트리아), 건축가(프랑스), 식물학자(스페인), 탐험가(스페인), 오페라 가수(체코)까지 등장한다.

돈은 어떤 종이로 만들까. 박노환 차장이 말했다.

"많은 분들이 지폐를 종이로 만드는 줄 알고 있지만, 사실은 지폐 제조엔 순면사를 사용합니다. 질긴 면사를 써야 훼손이 덜하고 오래 쓸 수 있습니다."

은행권 용지는 또 그냥 용지가 아닌, 다양한 기능성을 곁들인 특수용지다. 용지 제조과정에서 색을 넣거나, 은사·은선 및 은화 등을 끼워넣어 위조·변조 방지 기능을 갖추고 있다. 특수 용

❶ 조선후기에 제작된 대동3전.
❷ 북한의 지폐.

지 제조과정, 위·변조 방지기능 처리 과정 등을 살펴볼 수 있다. 3전시실에선 구체적으로 지금까지의 지폐 위조 유형과 은행권·수표의 다양한 위조방지 기능들을 상세한 설명과 함께 실물을 비교 전시해 놨다. 돈을 직접 넣고 위폐 여부를 확인해 볼 수 있는 시설도 있다. 마지막 특수제품관에는 우표·메달·훈장·인지·증지·수표·어음 관련 자료와 함께 세계 각국에서 현재 쓰이고 있는 지폐들을 나라별로 전시해 놓고 있다.

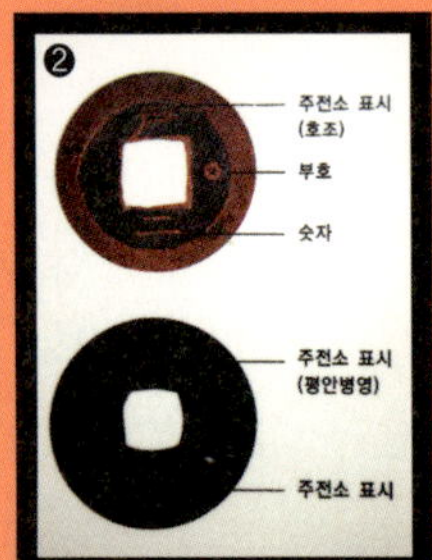

주전소 표시
(호조)
부호
숫자
주전소 표시
(평안병영)
주전소 표시

력사적인 평양상봉과 북남최고위급회담
북남공동선언
조선우표

한 국 은 행 권
백 원
한 국 은 행
100

❶ 고려 성종 때 주조된 한국 최초의 화폐인 건원중보.
❷ 조선시대 엽전의 대명사인 상평통보와 표시 설명.
❸ 남북공동선언 기념우표.
❹ 백원권 앞면.
❺ 중국 춘추시대 말기부터 전국시대에 걸쳐 사용된
  도자형(刀字形)의 청동화폐인 도전.
❻ 엽전 주조 과정 재현 모습.
❼ 조선후기에 제작된 대동2전.
❽ 1375년 발행된 중국 대명통행보초. 세계 최대 화폐.
❾ 조선시대 별전의 화려한 장식.
❿ 1866년(고종 3년)에 흥선대원군이 주조한 화폐인 당백전.

# 박물관 **+**

화폐박물관은 엑스포가 열렸던 대덕연구단지 내에 있다. 주변에 엑스포과학공원과 국립중앙과학관, 지질박물관 등이 있어 한 곳에 머물면서 다양한 체험을 할 수 있다. 여기에 비구니 절로 이름난 동학사까지 곁들이면 하루 여행으로 알차다. 1박을 하면 유성온천의 온천욕까지 즐길 수 있다.

### 가이드 및 체험 프로그램

음성안내기가 비치돼 있다. 단체는 학예사의 해설 요청 가능. 개인은 사전 문의 필수. 박물관 내에 체험실이 마련돼 있다. 5만원권 인물의 주인공이 되어 사진 찍기, 알루미늄 판으로 압연기를 이용한 주화 만들기, 여러 모양의 스탬프 찍기 가능. 압연기 체험은 재료비 500원. 가족단위 상시 가능하다.

### 축제 및 연계 프로그램

매년 여름·겨울 방학이 되면 기초과학연구원과 연계한 박물관 행사가 열린다. 화폐 속 인물, 화폐의 역사, 화폐 속 문화유산의 내용을 담은 전통 책 만들기, 화폐 관련 반짝 퀴즈, 영화상영 등으로 구성

된다. 상세 프로그램 구성과 접수는 홈페이지 새소식 참조. 전화 예약 필수. 참가비는 무료.

### 연관 박물관

**한국은행 화폐금융박물관** 서울 중구 남대문로에 위치했다. 일제 강점기 조선은행 본점으로 사용됐던 건물을 복원해 사용. 세계 각국의 화폐 및 금융관련 정보 전시. 매일 두 차례 박물관 설명을 이용하면 좋다. 매월 둘째 넷째 토요일에 화폐관련 문화강좌 진행. ☎ 02-759-7881 http://museum.bok.or.kr

### 연계 투어

대전광역시에서 기획한 시티투어가 있다. 백제문화유적을 둘러보는 역사문화투어와 대전의 과학단지를 도는 과학투어, 대전의 야경을 보는 야간투어가 있다. 과학문화투어가 화폐박물관을 경유한다. 월요일을 제외한 매일 운영. 요금은 어른 2000원, 학생 1000원이다.
☎ 042-253-0005 http://baekjetour.com/djcity

**엑스포과학공원** 대전세계박람회가 열린 자리에 과학을 테마로 개관한 테마파크. 주요시설은 테크노피아관 · 우주탐험관 · 에너지관 · 자연생명관 · 전기에너지관 · 아이맥스영화관 등이 있다. 이밖에 체험을 통해 과학의 원리를 이해할 수 있는 다양한 전시관이 운영된다. ☎ 042-866-5114 www.expopark.co.kr

**동학사** 계룡산 입구에 있는 절. 비구니 도량으로 이름났다. 매표소에서 절에 이르는 1km의 진입로는 가을 단풍 코스로 인기가 높다. 동학사에서 남매탑을 거쳐 계룡산 주릉을 돌아본 뒤 은선폭포로 내려오는 등산 코스도 인기다. 계룡산국립공원(☎ 042-825-3002)

**국립중앙과학관** 우리나라 과학의 역사를 종합적으로 전시한 박물관. 주요 시설은 탐구관 · 천체관 · 상설전시장 · 야외전시장 · 아마추어무선국 등이 있다. 특별전시관에는 전국학생과학발명품경진대회 수상작품이 전시됐다. 야외전시관에는 비행기 · 프로펠러 · 에어보트 등 대형 전시물이 전시됐다. ☎ 042-601-7894 www.science.go.kr

## 교통

호남고속도로를 이용한다. 유성IC로 나와 우회전하면 월드컵 네거리. 이곳에서 다시 우회전해서 5km 가면 엑스포과학공원 입구가 나온다. 엑스포과학공원 맞은 편에 국립중앙과학관과 화폐박물관이 있다.

## 숙박

유성온천지구에 호텔과 숙박시설이 많다. 유성호텔(www.yousunghotel.com), 호텔아드리아(www.hoteladria.co.kr)

## 박물관 옆 맛집

동학사 입구에 산채요리를 파는 집이 여럿 있다. 이시돌(☎ 042-825-8285)은 제철 산나물을 기본으로 남도한정식을 맛깔스럽게 차려내는 집. 남도맛정식 1만8000원, 떡갈비정식 2만5000원. 자연사박물관 곁에 자리한 '촌동네'(☎ 042-825-4110)는 두부 요리를 잘한다. 10여 가지의 산채, 매콤하면서 담백한 뚝배기 순두부(**사진**)가 나온다. 1인 1만원.

당신의 음주습관은? 술버릇이 훤히 드러난다. '사다
리 타기'해보면 풍류객은 골든벨, 그냥 꾼은 징을 울린다. 병따
개·술병·테이블 매너 등도 놓치면 손해. 어지간하면
와인에 빠져든다.

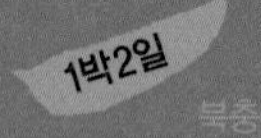

# 눈으로 먹는 세계의 술맛, 노을이 불콰

## 술박물관 리쿼리움

주소 충북 충주시 가금면 탑평리 51-1  홈페이지 www.liquorium.com  전화 043-855-7333  관람시간 오전 10시~오후 6시(매주 목요일, 설날, 추석 전날과 당일 휴관)  관람료 6000원(와인 시음 포함)  전시물 와인·위스키·맥주·동양전통주 관련 도구와 자료  체험행사 나의 음주 습관 사다리 타기, 칵테일 만들기, 와인 시음, 테이블 매너 배우기 등. 무료.

∷ 충주 남한강 주변은 문화유적의 보물창고 중 한 곳이다. 삼국시대 영토 경쟁이 치열하게 벌어지던 군사·지리적 요충지였다. 중부내륙에 자리한 물길·육로의 중심지답게 선사시대 이래 선인들의 숨결이 스민 숱한 문화유적들이 남아 있다. 국보 제6호 중원탑평리칠층석탑(중원탑)과 국보 205호인 중원고구려비가 있고, 삼국~고려시대에 걸쳐 조성된 200여기의 고분이 모인 누암리 고분군, 신석기~청동기시대 마을 흔적인 조동리 선사유적지, 악성 우륵이 가야금을 다루던 탄금대가 있다. 그리고 충주지역 유물들을 한자리에 모아둔, 중앙탑공원의 충주박물관이 충주문화권 중심지로서의 위상을 뒷받침한다.


## 국내에서도 드물고, 세계적으로도 드물어


여기에 또 하나의 박물관이 터를 잡아 볼거리를 더해준다. 국내에서도 드물고, 세계적으로도 드물다는 술박물관 리쿼리움이다. 국내에 몇 안 되는 '마스터 블랜더'의 한 명으로 널리 알려진 이종기(55)씨가 2005년 사재를 털어 문을 연 박물관이다. 마스터 블랜더란 위스키·제조·보관유지 전문가를 말한다.

"인류가 집단생활을 하기 시작한 곁에는 늘 술이 있었지요. 술의 향기는 인류 역사의 향기이기도 합니다."

술박물관 리쿼리움 김종애(55) 관장은 "인간의 삶을 풍요롭게 만든 술의 과거와 현재 모든 것을 보고 배우고 체험할 수 있는

술박물관 입구.

거의 유일한 공간이 술박물관 리쿼리움"이라고 말했다. 지하1
층·지상1층 2개 층에 와인관·맥주관·동양주관·오크통관·
증류주관·위스키숙성관 등 6개의 전시실이 마련돼 있고, 와인
등을 시음하면서 술자리 예절을 익힐 수 있는 음주예절관과 야
외 잔디공연장도 있다.

박물관 들머리부터 술 공부를 하게 만든다. 스코틀랜드에서
시바스 리갈 제조에 실제 사용하던 1차, 2차 증류기가 손님을 맞
는다. 증류기를 분해한 뒤 배로 싣고 와 설치한 것이다. 매표소
를 거쳐 지하1층 전시관 입구로 다가서면, 46개의 각국 오크통
을 쌓아 삼각형 탑모양을 이룬 문이 보인다.

스코틀랜드에서 실제 쓰였던 증류기를 옮겨다 놓았다.

전시관으로 들어서면 와인관을 거쳐 맥주관, 증류주관 등을 차례로 만난다. 고대 술 제조·보관용기에서부터 나라별 유명 와인, 맥주, 위스키 등과 그 역사, 제조법, 평가방식, 보관방법과 시설 들이 전시돼 있다. 실물과 도표를 적절히 배치해 발걸음을 옮기면서 자연스럽게 와인에 대한 상식과 깊은 지식을 습득할 수 있도록 했다. 지중해 지역에서 쓰던 와인 저장용기인 암포라, 청동제 한나라 시대 술병, 19세기 영국에서 사용하던 알코올 농도 측정용 비중계 등이 이채롭다.

"이것이 브랜디 증류기입니다. 프랑스 코냑 지방의 브랜디가 특히 유명해 코냑이 브랜디의 대명사가 됐죠."

"옛 와인 저장용기 밑부분이 뾰족하죠? 제조과정에서 생긴 주석산이나 효모찌꺼기 등 침전물을 가라앉히기 위한 것입니다."

## 전시물 옆 벨 누르면, 녹음해 둔 설명이 '좌르르~'

매표소에서 미리 신청하면 전시실을 돌며 학예사로부터 전시물에 대한 설명을 들을 수 있다. 술에 관해 해박한 사람도, 술과 담을 쌓고 지내는 문외한도 전시실을 걸어나가면서 기본 상식을 다지고, 새로 배우고 익혀나가게 된다. 포도의 경우 까베르네 쇼비뇽 등 품종별 수확시기와 저장방법, 저장도구 등을 도표와 실물로 상세하게 그려놓고 전시해 놨다. 발효 전에 브랜디를 첨가해 당도와 도수를 높인 포트와인, 레드와인과 화인트와인을 섞

❶ 각국의 다양한 옛 와인 디캔터.

❷ 오크통을 조이기 위해  철판을 둘러 고정시키는 기계.

❸ 1930년대 소주독. 소주를 배달할 때 쓰던 한 말짜리 항아리다.

어 만드는 핑크빛 로제와인, 역시 브랜디를 첨가해 만드는 고급 식전주 세리와인, 프랑스 샹파뉴 지방 제품 샴페인으로 유명한 스파클링 와인 등의 제조법들을 알아볼 수 있다. 각 나라별 와인의 특징과 분류법, 원산지 등급 매기기에 이르면 '신의 물방울'로 표현되는 와인의 복잡다단한 세계에 자신도 모르게 빠져들게 된다.

"포도가 얼었다 녹았다 하면 단맛과 향기가 한층 강해진 포도가 되는데 이 언 포도로 만든 와인이 아이스와인입니다. 추운 지역에서 생산된 아이스와인에선 아이러니하게도 망고 향, 리치 맛 등 열대과일의 향과 맛이 납니다."

벽면에 빼곡하게 전시된 각양각색의 코르크 따개(코르크 스크류), 병따개들도 볼거리다. 오래된 것들 중엔 한쪽 끝에 붓처럼 부드러운 솔이 달린 것들도 있다. 따다가 코르크 마개가 부서질 경우 병 주위에 묻은 부스러기를 솔로 털어냈다고 한다. 1720년대에 생산된 술병 등 술병의 변화과정, 오크통 제작과정, 테이블 매너 등을 살펴보는 것도 흥미롭다. 육중한 무쇠로 만들어진, 후프 드라이버는 오크통 철판 테두리를 조이는 기계다. 무거운데다 설치가 어려워, 전시관을 만들 때 이 기계를 먼저 갖다 놓은 뒤 지붕을 덮고 천장을 만들었다고 한다. 주요 전시물 옆엔 벨이 붙어 있다. 누르면, 녹음해 둔 전시물에 대한 설명이 흘러나온다.

또 하나 재미있는 전시물이 '천사의 몫'이란 이름이 붙은, 오크통 속 위스키 숙성 과정을 재현한 것이다. 오크통에 첫해, 12년, 17년, 21년 등 숙성 햇수별로 위스키를 담아 놓고 구멍을 통해 향기를 맡아보도록 했다. 오랜 숙성과정에서 알코올이 증발하며 양이 조금씩 줄어드는데, 이를 '엔젤스 셰어'(천사의 몫)라 부른다. 위스키 주요 생산지인 스코틀랜드엔 그래서 천사가 많이 산다는 우스갯소리가 있다.


## 오크통 속 위스키 숙성 과정 재현한 '천사의 몫' 눈길


김종애 관장이 지역별 특산주가 생겨나는 과정을 설명했다.

"보드카는 감자로 만들고, 럼은 사탕수수로 만듭니다. 데킬라는 용설란으로 만들죠. 이렇게 술은 나라마다, 지역마다 가장 풍부한 농작물을 발효시켜 만들며 자연스럽게 발전하는 과정을 겪습니다. 지역의 날씨와 농작물의 특징 등을 통해 독특한 맛과 향을 지닌 술이 만들어지는 거죠."

한국·중국·일본·베트남·타이·필리핀·인도네시아 등의 술항아리들이 볼 만한 동양주관을 거쳐 음주문화관에 이르면, 정중한 예의를 갖춰 마시고 즐기던 선조들의 풍류도 살펴볼 수 있다. '일곱 번 사양하고 권하기를 되풀이한 끝에 마지못해 한 잔 받아 마시고, 마실 때마다 덕담을 베풀며, 그 때마다 읊고 노래하던 선조들의 술 문화가 바로 풍류'다.

자신의 술버릇을 알아볼 수 있는 놀이시설도 있다. '나의 음주습관 사다리 타기'에서 벽에 그려진 그림을 따라 자신이 술을 즐

오크통속에서 위스키가 숙성돼 가는 과정을 보여준다. 실제 단계별로 숙성된 술을 담아 향기를 직접 맡아볼 수 있다.

기는 방식대로 따라 내려가면 '진정한 풍류객'은 골든벨을 울리고, 버릇이 안 좋아 '경을 칠 사람'은 징을 치게 된다. 전시관을 다 둘러본 뒤엔 음주문화·예절 체험관에서 와인을 맛보며 관람을 마무리한다. 김 관장은 "새로운 전시시설로 술 외의 발효음식의 모든 것을 보고 체험할 수 있도록 한 발효과학관도 문을 열 계획"이라고 말했다.

❶ 1830년 프랑스 꼬냑 지방에서 제작된
　브랜디 증류기.
❷ 소년 형상의 코르크 따개.
❸ 다양한 코르크마개 따는 용구들.
❹ 지하 전시실.
❺ 고대 술병.
❻ 얼굴 모양의 술잔.
❼ 기원전 7세기까지 사용된 술 저장용 토기.

# 박물관 +

충주는 우리나라의 중심. 고구려 때 세운 중원고구려비가 이곳에 있다. 충주호 물길 따라 펼쳐지는 드라마틱한 역사적 사건과 빼어난 자연미도 볼거리다. 수도권에서 당일치기도 가능하지만 월악산이나 문경새재까지 넣어서 1박을 하면 여행이 더욱 알차진다.

### 가이드 및 체험 프로그램

학예사가 상주한다. 예약 필수. 전시물 옆 음성 안내 벨. 음주문화관에서는 자신의 술버릇을 알아보는 '나의 음주 습관 사다리 타기' 등 문화체험을, 음주체험관에서는 칵테일 만들기, 와인 시음, 테이블 매너 배우기 등을 할 수 있다. 별도의 요금은 없다. 단체는 사전 예약.

### 축제 및 연계 프로그램

매년 여름 박물관이 위치한 탄금호 조정경기장 일원에서 체험축제가 열린다. 농장, 박물관, 공예공방, 예술가 등 충주의 다양한 체험장이 연합한 충주시 농촌체험연구회가 주관. 나무곤충 만들기, 조정체험하기는 물론 천연염색 등의 체험거리와 연잎찰밥, 야콘주스 등 친환경 먹거리장터로 구성. ☎ 043-842-0245 www.waubau.com

### 연관 박물관

**전주전통술박물관** 전주시 완산구 전주한옥마을에 위치했다. 전국의 유명한 전통명주들을 전시·판매하고 있는 '계영원'과 술 빚는 도구와 과정이 전시되어 있는 양화당으로 구성. 집집이 빚어 마셨던 가양주 관련 강좌와 향음주례, 누룩빚기, 소주내리기 등의 체험도 가능. 관람료는 무료. ☎ 063-287-6305 http://urisul.net

### 연계 투어

충주시가 추천하는 '역사와 문화의 도시'를 테마로 한 투어 코스가 있다. 국보로 지정된 중앙탑(중원탑평리칠층석탑)을 기점으로 탄금대, 우륵당, 충주박물관, 고구려천문과학관, 중원고구려비, 조동리선사유적박물관, 중원미륵사지, 사과과학관 등이 포함된다. 중앙탑 공원에 위치한 술박물관도 경유. ☎ 043-850-6721 www.cj100.net

### 가볼만한 여행지

**탄금대** 임진왜란 당시 신립 장군이 배수진을 치고 왜적과 맞섰던 곳. 탄금대 남쪽 열두대라 불리는 절벽은 신립이 12번을 오르내리며 군사들을 독려했던 곳이다. 탄금대는 또 신라 진흥왕 때 우리나라 3대 악성의 하나인 우륵이 가야금을 타던 곳이기도 하다.

**탑평리 칠층석탑** 국보 6호로 지정된 통일신라시대의 석탑. 당시 세워진 석탑 가운데 규모가 가장 크다. 하늘을 찌를 듯이 솟은 이 탑은 한반도의 중앙부에 위치한다고 해서 중앙탑이라 불린다. 이웃한 중원고구려비와 함께 충주 남한강 유역의 유구한 역사를 대변한다. 탑 주변은 공원으로 조성됐다.

**고구려천문과학관** 태양과 별을 관찰할 수 있는 천문대. 주요시설은 구경 60cm의 망원경이 설치된 주관측실, 12~40cm 등 다양한 구경의 망원경이 있는 보조관측실, 천체투영실, 고대의 천문도를 볼 수 있는 전시실 등이 있다. 술박물관에서 차량으로 10분 거리. ☎ 043-842-3247 http://gogostar.kr

## 교통

중부내륙고속도로를 이용한다. 북충주IC에서 82번 도로를 따라 충주 방면으로 9km 거리. 술박물관 주변에 중원탑과 고구려비, 고구려천문과학관이 몰려 있다. 탄금대는 충주 방면으로 15분 거리.

## 숙박

술박물관에서 10분 거리에 봉황자연휴양림(☎ 043-850-7315)과 문성자연휴양림(☎ 043-850-7346)이 있어 자연에서 하룻밤을 보낼 수 있다. 앙성온천 지구에 켄싱턴리조트(☎ 043-854-3100) 등의 숙박시설이 있다.

## 박물관 옆 맛집

술박물관 주변에 정갈한 음식을 차려내는 집이 많다. 중앙탑오리집(☎ 043-855-3756)은 오리백숙(**사진**)으로 유명하다. 푹 곤 오리를 먹기 좋게 발라주는데, 오리를 썰어내는 손길이 가히 예술이다. 담백하면서 부드러운 오리고기도 좋고, 시원한 백김치도 맛있다. 마무리는 찹쌀밥(1000원)으로 한다. 오리백숙 3만5000원. 이밖에 진짜 초가집에서 남한강을 바라보며 식사를 할 수 있는 중앙탑초가집(☎ 043-845-6789)의 매운탕과 닭볶음탕, 노들강변(☎ 043-855-9933)의 역돔회와 역돔찜도 추천할만하다.

한약재로 쓰이는 건 모두 몇 종일까? 내가 먹은 한약엔 가짜 없을까? **열매, 뿌리, 껍질 등 약효 부위도 다르다.** 좋다고 통째로 먹으면? 제기동엔 1000여개 업소가 몰려 있다. 들른 김에 **사상체질 무료** 검진은 '덤'.

# 건강 '뿌리' 한눈에 보고 명의 흉내 내볼까

## 서울약령시한의약박물관

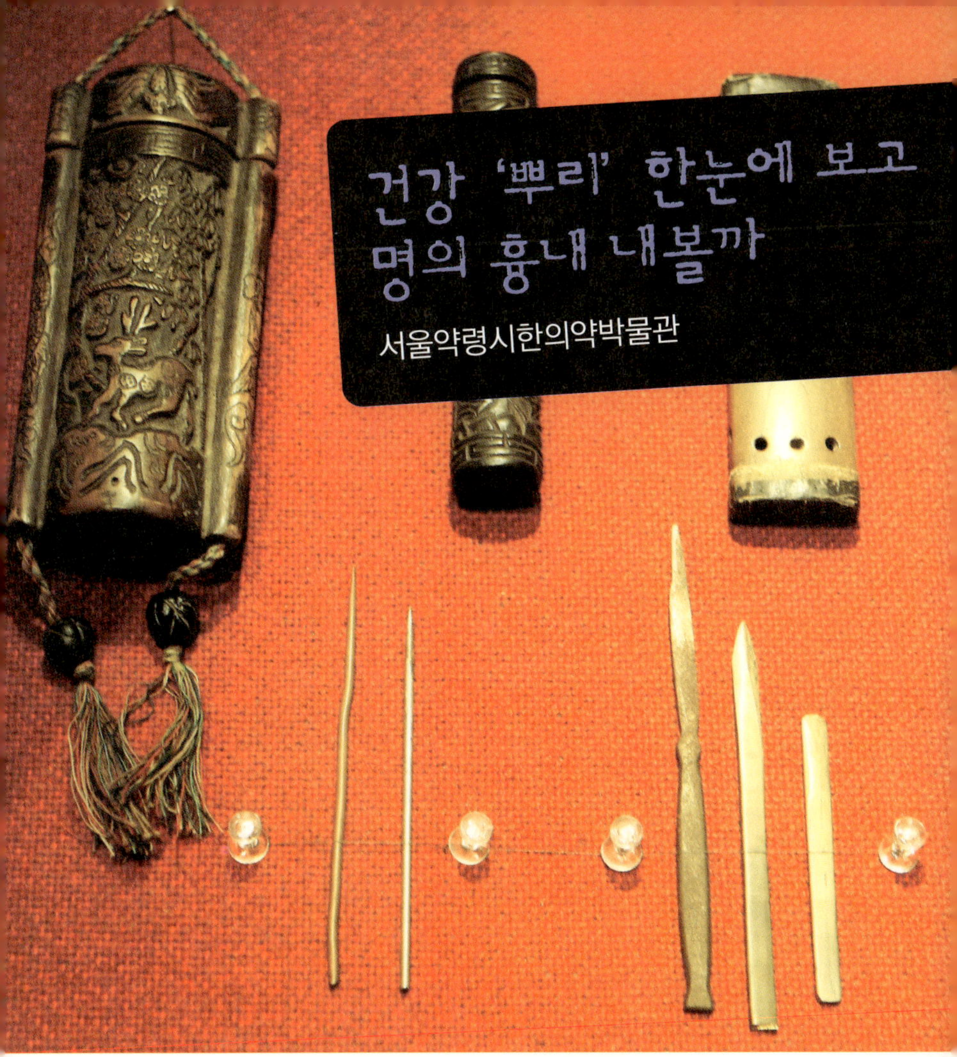

주소 서울시 동대문구 용두동 787 동의보감타워 지하2층 홈페이지 http://museum.ddm.go.kr 전화 02-3293-4900~3 관람시간 오전 10시~오후 6시, 동절기는 오후 5시까지(매주 월요일, 1월1일, 설 · 추석 당일은 휴관) 관람료 무료 전시물 한의약 도구 등 관련 유물 420점, 사향 · 해구신 등 한약재 140여종, 서민 구휼기관 보제원과 서울 약령시 소개자료 체험행사 사상체질 및 자율신경계균형검사,한약재 오감체험, 탁본 등. 무료.

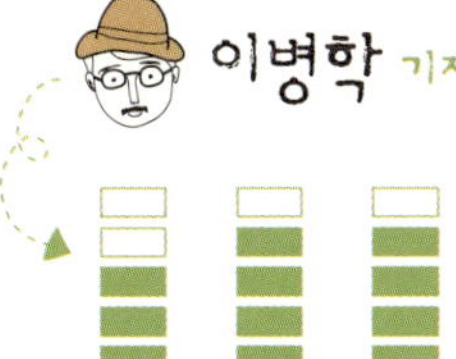

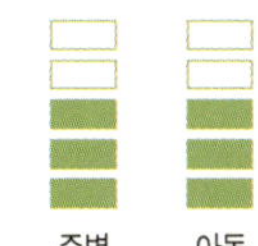

:: 햇살 나른하고, 아침 저녁으로 선선한 봄날. 보약 한 제 달여먹기 알맞은 때다. 혹독했던 겨울 견디느라 부실해진 건강 챙겨볼 겸 그윽하고 훈훈한 한약 내음에 푹 젖어보는 것도 좋겠다. 전통 한의약으로 건강을 제대로 챙기려면, 전통 한의약과 약재에 대한 기본상식 쯤은 알아둘 필요가 있다.

서울시내 유일 약령시이자, 전국 최대규모의 한약재 유통상가인 제기동 일대 서울약령시 한쪽에, 작지만 훌륭한, 서울 약령시 한의약박물관이 있다. 누구나 언제든 찾아가 보고 배우며 체험할 수 있는 한약재와 한의학 상식 무료 전시·체험관이다. 한약재에 대한 기본상식을 공부하면서 건강관리 지침까지 챙길 수 있다.


## 왕명으로 설치된 4곳, 보제원 전광원 홍제원 이태원

제기동 서울 약령시 거리로 들어서면 일단 매연 냄새를 압도하는 한약재 내음에 마음이 편해진다. 동의보감타워 지하1층으로 내려가 에스컬레이터를 타고 다시 한 층 내려서면, 한복을 차려입은 해설사들이 반긴다. 30여 명의 서울약령시협회 회원들과 자원봉사자들이 번갈아 근무하며 방문객들을 한의약의 세계로 안내한다. 어둑한 박물관 입구로 들어서면 정면의 대형 화면에 한의약의 기본 정보들이 나타나고, 잠시 뒤 화면(문)이 양쪽으로 갈라지며 안으로 들어가게 된다.

동대문구 제기동 서울약령시 들머리.

박물관·미술관·전시관은 언제나 왼쪽부터 시작이다. 먼저 고조선시대부터 현대까지 면면히 이어지는 한의학의 역사와 문화를 다룬 코너다. 모형으로 제작된 보제원 앞에 서서 단추를 누르면, 조선시대 서민 구휼기관인 보제원에 대한 설명이 흘러나온다. 조선시대 한양엔 네 곳에 왕명으로 설치된, 병들고 가난한 백성들을 맞아 치료하고 먹이고 재워주던 구휼기관이자 치료기관이 있었다. 헐벗고 굶주린 백성들에게 음식과 의복을 거저 나눠줬고, 병든 이들을 치료해 줬다. 또 국가 원로 등 어르신들을 초대해 잔치(기로연)를 베풀던 곳이기도 하다.

홍인지문 밖(현 안암동오거리)에 보제원이 있었고, 현 한양대 후문 쪽에 전광원이, 홍제동에 홍제원이, 남태령 고개에 이태원

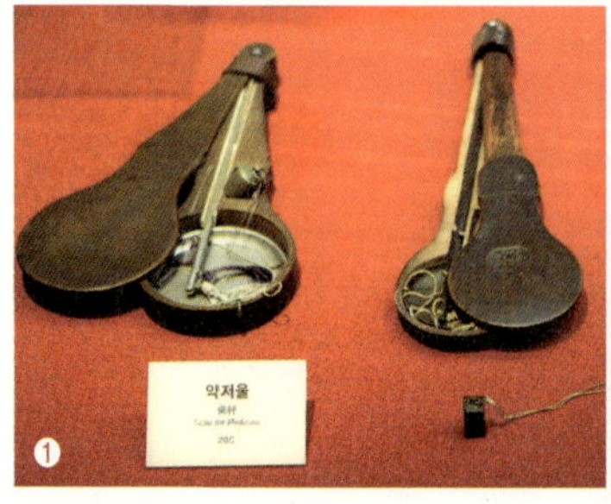

❶ 약재 무게를 잴 때 쓰는 약저울.
❷ 약재 채취용 망태기.

이 있었다. 이중 유일하게 그 터가 확인된 것이 보제원이다. 안암동에 보제원이 있던 곳임을 알리는 빗돌이 있다. 망태기·주루막(복령 등 땅속 뿌리 약재를 캘 때 찔러보던 도구)·괭이·칼 등 약재 채취도구(채약기구)와 약재의 무게를 달던 저울, 약연(약을 가는 도구), 제약기(약 달이는 도구) 등 선인들이 사용해 온 한약재 관련 도구들이 볼 만하다. 약을 갈던 도구에는 나무약연, 돌약연, 쇠약연, 돌절구 등이 있다.

해설사 소순홍씨가 설명했다.

"약재의 성질에 따라 약을 가는 도구도 달라집니다. 예컨대 인삼처럼 쇠를 싫어하는 성질이 있는 약재를 갈 땐 반드시 나무약연을 쓰지요. 인삼은 자를 때도 쇠칼이 아닌 죽도를 썼습니다."

약을 달일 때 주로 도자기나 곱돌로 만든 용기를 썼다고 한다. 약을 눌러서 짜던 나무틀(약틀), 약재 이름을 쓴 서랍들이 무수히 달린 약장도 있다. 약을 저장해 두던 약장은 한약방에만 있던 것이 아니었다. 부유한 집안에선 대개 비상용으로 쓸 약재들을 담아두는 작은 약장을 갖추고 있었다.


약재 따라 약 가는 도구 달라…
침 자리 12경락 · 365혈 '콕콕'


이름난 한의학 서적도 볼 수 있다. 세계문화유산으로 등재된 허준의 〈동의보감〉, 사상체질을 분류해 놓은 이제마의 〈동의수세보원〉 등과 중국 의서인 이시진의 〈본초강목〉(1596년), 〈의학입문〉(1575년) 등을 만난다. 소순홍씨는 "요즘엔 동의보감을 모르는 사람이 없을 정도지만, 사실 수십년 전까지 국내에선 이 책의 존재 자체가 희미했던 책"이라며 "책의 진가가 알려진 것은 독일 생약계를 통해서였다"고 설명했다. 독일은 일찍부터 생약 연구가 활발하게 이뤄져 온 나라다.

인체 그림에 침 자리를 알리는 12경락, 365혈을 표시한 19세기의 '동인도', 작은 종이 두루마리에 작은 글씨로 빼곡하게 한약 비방문을 적어 지니고 다니던 요약집성방, 진역총론 등도 눈길을 끈다. 12경락을 표시한 화면 앞에서 소씨가 말했다.

"주먹을 쥘 때 엄지까지 감싸쥐는 것이 편안하다는 이들이 있죠. 이런 분들은 대체로 폐기능이 약한 분들입니다. 폐 관련 경락이 엄지까지 뻗어 있지요. 검지엔 대장, 새끼손가락엔 심장 경

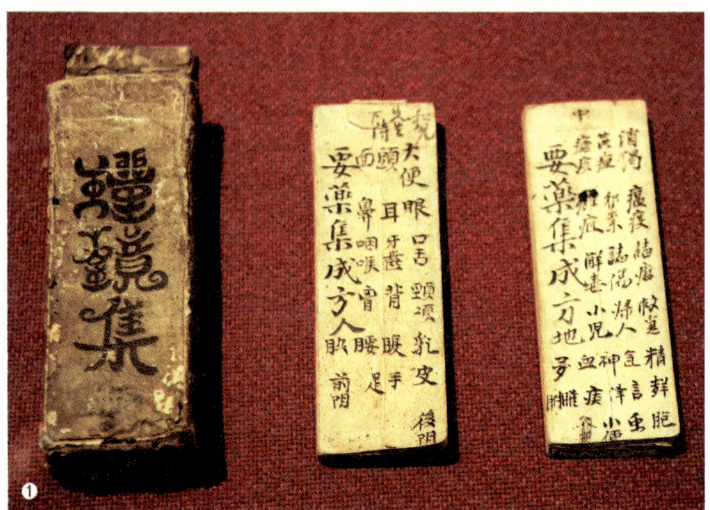

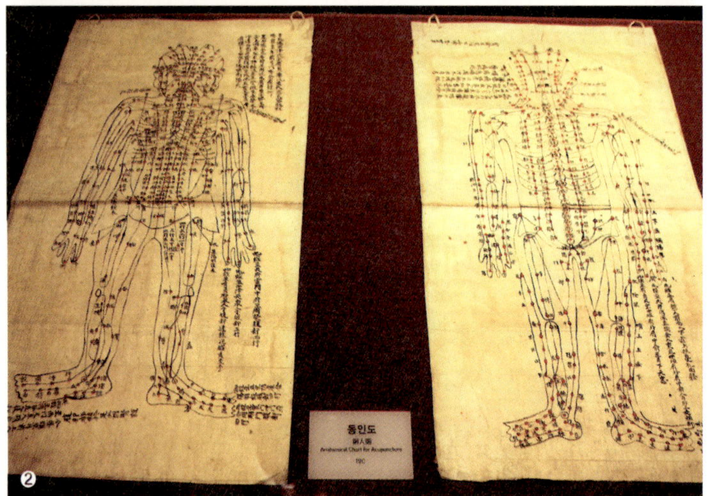



❶ 작은 종이첩에 적어 지니고 다니던 한약 비방문.
❷ 12경락, 365혈을 표시한 19세기 동인도.

락이 분포해 있습니다."

소씨는 그러나, 이런 한의학 이론은 과학적으로 입증하기가 어렵기 때문에 서양의학계에선 인정을 하지 않는다고 덧붙였다. 동양의학은 철학에 바탕 한 이치학으로, "과학보다 앞서 나간 의학"으로 볼 수 있다고 소씨는 설명했다.


## 광물성 약재는 직접 섭취하면 90% 이상이 독


의원들이 사용하던 다양한 침과 침통, 이제마의 사상체질 분류 자료를 보고 약재 채취와 유통과정을 모형으로 전시한 코너로 간다. 어린이들에게 가장 빨리 쉽게 한약재에 대한 이해를 높여줄 수 있는 곳이라고 한다. 산에 움막을 짓고 약초를 채취하는 모습, 집으로 가져와 1차 가공하는 과정, 시장에서 거래된 뒤 한의원에서 소비되기까지의 과정 등을 찬찬히 살펴볼 수 있다.

다음 코너로 드니 은은한 한약 내음이 전해져 온다. 모두 1000여종에 이른다는 한약재 중 140여종의 약재들을, 식물성·동물성·광물성 약재로 나눠 실물을 전시하고 있는 곳이다. 소씨가 먼저 산약(마)이 든 유리병을 가리켰다.

"약재로 쓸 땐 찐 다음 말려서 사용합니다. 소화기 계통에 아주 좋은 약재죠."

당귀는 혈액을 보강해주는 대표적인 보혈제고, 강황은 갈아서 향신료를 첨가한 뒤 카레의 원료로 쓰는 약재이며, 천마는 중

❶ 뼈를 잘 붙게 하는 광물성 약재 산골.
❷ 간 해독에 효과가 있는 지구자. 헛개나무 열매.
❸ 달인 약을 짤 때 쓰던 약틀.

풍·마비 등 머리와 관련된 질환에 좋은 약재라고 소씨는 설명했다.

식물성 약재 중 '자' 자가 붙은 것은 열매 약재를, '피' 자가 붙은 것은 껍질 약재를 가리킨다. 오미자·오가피 등이 그것이다. 소씨는 "요즘 사람들은 몸에 좋다면 다 채취하는데, 열매를 사용하는 약재건, 뿌리를 쓰는 약재건, 껍질을 쓰는 약재건 모조리 뿌리째 캐거나 나무 전체를 잘라 가져가는 마구잡이 채취가 다반사"라며 "이런 일이 되풀이된다면 약재로 쓰이는 식물들이 언젠가는 멸종 위기를 겪게 될 게 뻔하다"고 안타까워했다.

일반 약재 전시 외에, 유사약재 감별법, 향이 좋은 약재들, 사용이 금지된 동물성 약재, 독성이 강한 약재들을 따로 전시하고 있어 흥미롭다. 광물성 약재의 경우 직접 섭취하면 90% 이상이 몸에 해롭기 때문에, 반드시 법제 과정을 거쳐야 한다. 예를 들어, 부러진 뼈를 잘 붙게 하고 어혈에 좋다는 '산골'(황철광)이란 광물의 경우 채취한 뒤 식초에 담갔다가 꺼내 불에 달구는 과정을 아홉 번 거쳐야 한다. 이것을 가루 내어 0.1g씩 섭취하면 뼈가 잘 붙는다고 한다. 산골 채취로 이름난 곳이 홍제동인데, 지금도 산골을 채취하던 광산이 남아 있다고 한다. 팔각회향·박하·자단향·당귀 등 '향이 좋은 약재'들은 구멍이 뚫린 통 안에 전시해 직접 향을 맡아볼 수 있다. 소씨는 "팔각회향은 베트남에서 나오는 약재인데, 타미플루를 추출할 수 있어 신종플루가 대유행했을 때 생산지 마을이 큰 돈을 벌었다"고 전했다.


## 한방체험 해보고 약령시 들러 보약 한 제 지을까


말로만 듣던 물개 수컷의 성기인 해구신, 사향노루의 사향주머니, 작은 뱀인 백화사 등도 실물이 전시돼 있어 눈길을 끈다. 산삼·녹용, 한방차·한방음식·한방목욕용 약재를 둘러보고, 토사자·행인 등 피부미용에 좋은 약재, 진피·인삼 등 스트레스 해소에 좋은 약재, 숙지황·천궁 등 비만 치료에 효과가 있는 약재들을 만난다. 약령시의 역사와 세계 약재 산지, 서울약령시 소개 자료를 살펴보고 나면 전시관 뒷문이다.

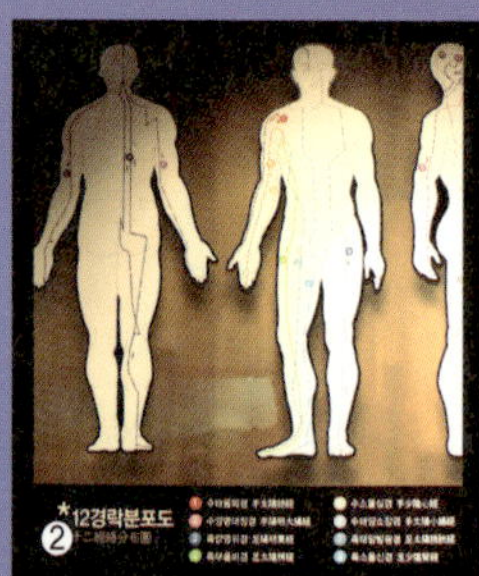


12경락분포도

동대문

❶ 한약 달이는 용기들.
❷ 침놓을 자리를 알려주는 12경락 분포도.
❸ 사향노루의 사향.
❹ 약재 자르는 도구 협도.
❺ 보제원 전경 재현.
❻ 조화처방 전시실.
❼ 삼백초.
❽ 약초마을 전경 재현.
❾ 희귀약재의 하나인 소형  뱀 백화사.
❿ 희귀약재의 하나인 물개 수컷의 성기 해구신.

# 박물관 +

서울약령시한의약박물관 주변에 가볼만한 곳이 많다. 도보로 이용할 수 있는 곳은 경동시장과 청계천전시관과 고산자습지가 있다. 지하철 한 정거장만 가면 옛 서민들의 살림살이를 느낄 수 있는 서울풍물시장이 있다. 숲과 생태에 관심이 있다면 홍릉수목원을 찾아가는 것도 나쁘지 않다. 이곳만 제대로 봐도 하루가 빠듯하다.

## 가이드 및 체험 프로그램

해설사가 상주한다. 현장에서 신청 가능. 한방체험실에서 성인들은 사상체질검사와 자율신경계균형검사를 받을 수 있다. 아이들은 한약재오감체험, 탁본 등 4가지 체험 가능. 탈모예방을 위한 한방샴푸 만들기, 십전대보탕을 만들며 배우는 약용식물 체험 등의 주말 특별체험프로그램이 있다. 참가비 다양.

## 축제 및 연계 프로그램

매년 10월 서울 제기동 약령시 일원에서 한의약문화축제가 열린다. 전통 놀이마당과 공연, 보제원 재현, 약재 썰기 대회, 한방음식 만들기 등으로 구성. 옛 조선 시대 약령시의 모습을 재현한 슬로 한방 퍼레이드가 백미. 이 기간에는 약재값을 깎아주는 한방그랜드 세일도 진행. 축제조직위원회 (☎ 02-969-4793 www.seoulya.com)

## 연관 박물관

**한의학박물관** 경남 산청군에 위치했다. 1층은 전통의학실로 한의학의 전반을 모았다. 2층은 약초실로 한의학에 쓰이는 약초들의 종류와 효능을 알기 쉽게 전시하고 있다. 자료가 모형으로 제작되어 이해하기 쉽다. 허준에 얽힌 가상스토리를 보여주는 입체영상실이 볼거리. ☎ 055-970-6461 http://museum.sancheong.ne.kr

## 연계 투어

박물관이 위치한 약령시를 둘러보자. 약령시는 조선 후기에 약재를 취급했던 특수한 시장을 일컫던 말. 서울 약령시가 위치한 동대문구 제기동과 용두동 일원은 전국 최대 규모의 한약재 유통 상가다. 한약관련업체 1000여 곳이 밀집되어 있어 한약업계의 현재를 체감하게 된다. 서울약령시협회(☎ 070-7704-3619 www.seoulya.com)

## 가볼만한 여행지

**서울풍물시장**  황학동 벼룩시장이 새롭게 자리를 잡은 곳. 2층 건물 안에 서민들의 소박한 삶을 느낄 수 있는 물건과 먹을거리가 가득하다. 시장은 빨주노초파남보 무지개 빛깔로 구역이 나뉘어 있다. 인사동과 달리 가격대가 저렴해 부담 없이 구입할 수 있다. 연중 내내 풍물패의 공연도 이뤄진다. 1호선 신설동역 9번 출구에서 5분 거리. ☎ 02-2232-3367 http://pungmul.seoul.go.kr

**청계천문화관**  청계천의 역사를 한눈에 볼 수 있는 전시관. 청계천의 물길을 상징하는 긴 유리 튜브 모양의 외관이 돋보인다. 청계천의 역사적 배경과 복원 과정을 전시했다. 청계천문화관 앞에 청계천과 지류가 만나는 두물머리가 있다. 이곳에서 하류 방면은 청계천에서 가장 자연친화적인 생태공간으로 조성됐다. 2호선 용두역에서 도보로 10분 거리. ☎ 02-2286-3414 www.cgcm.go.kr

**홍릉수목원**  1922년 조성된 우리나라 최초의 수목원. 수목원 이름은 명성황후의 무덤이 있던 홍릉에서 유래했다. 한국전쟁으로 유실된 것을 복구해 현재 44ha가 남아 있다. 아름드리 나무를 볼 수 있는 수목원과 약초원, 난대식물원, 습지원, 무궁화원 등이 있다. 수목원 곁에 세종대왕기념관이 있다. 토·일(10시~16시)만 개방하며, 주차 공간이 없어 대중교통을 이용한다. ☎02-961-2552

## 교통

한의약박물관은 대중교통이 편리하다. 지하철 1호선 제기동역 3번 출구에서 3분, 2호선 용두역 2번 출구에서 7분 거리다. 시내버스도 간선과 지선, 광역 등 많다.

## 박물관 곁 맛집

박물관 주변으로 큰 시장들이 있다. 유명한 맛집 대신 서민들이 즐겨 찾는 문턱 낮은 식당들이 많다. 경동시장에 있는 소문난냉면(☎ 02-967-4103)은 비빔냉면과 물냉면을 한 그릇으로 해결할 수 있어 붐빈다. 한 그릇에 3000원하는 토종순대국(☎ 02-3295-2555)의 닭개장도 많이 찾는 메뉴. 시장 내 포장마차 분식집에서 파는 수제비나 칼국수 맛도 수준급이다.

거센 파도에 온통 아우성이다. 모든 기억들을 순식간에 덮친다. 난파다. 세월이 밀려오고 쓸려간다. 돈도 청자도 깊은 잠에 빠진다. 빛이 눈부시다. 역사가 깨웠다. 해양문화재연구소엔 신이 미소 짓는다.

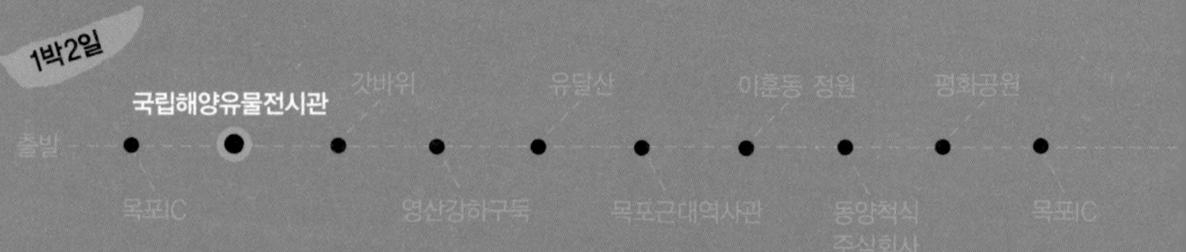

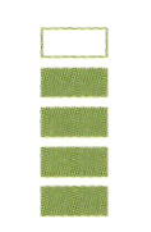
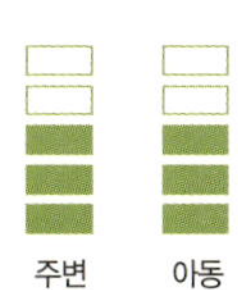

**주소** 전남 목포시 용해동 8(남농로 138) **홈페이지** www.seamuse.go.kr **전 화** 061-270-2000 **관람시간** 오전 9시 ~ 오후 5시(월요일은 휴관) **관람료** 무료 **전시물** 11세기말~12세기초 완도 해역에서 침몰한 청자 보물선과 유물, 보령 원산도 유물, 신안해저유물 등 **체험행사** 항해, 선사시대 고래잡이, 배무이(전통 배 공방), 물고기 탁본 등. 무료.



| 체험성 | 전시물 수준 | 독창성 | 주변 여행지 | 아동 선호도 |
|---|---|---|---|---|

∷ 난파선 박물관이다. 바다에서 발생한 해양 사고. 화물을 싣고 거친 바다와 겨루며 항해하다 끝내 수장되고 만 배와 그 유물들이 주인공이다. 물살에 닳고 펄에 삭아 요점만 간추려진 유물들이 수백 년 세월을 뛰어넘어 다가와 말을 걸어온다. 부러진 수저와 깨진 밥그릇들, 그리고 삭아 문드러진 갑판 나무 판자엔 선원과 그 가족의 눈물이 묻어 있다. 캄캄한 바다 밑에서 오랜 세월이 켜켜이 쌓인 한 서린 유물들이다. 배와 화물, 뱃사람들의 생활용품, 눈부시게 아름다운 공예품, 무역상들의 거래 내역 등이 생생하게 자신의 존재를 드러내는 난파선 박물관으로 간다. 목포 국립해양문화재연구소의 해양유물전시관이다.

## 연안 230곳 수중문화재 발견 …
## 배 8척 등 9만점 건져 올려

전시관엔 한반도 주변 특히 서남해안 바다 밑에서 발굴된 화물선의 잔해와 유물들을 전시하고 있다. 도자기류나 생필품들을 싣고 연안을 오가던 고려시대 국내 배들과 중국~한국~일본을 오가던 중국 배가 남긴 수중 문화유산들이다. 수중문화유산이란 바다나 호수·강·늪지 등에 잠겨 있다가 발굴된 인류의 흔적을 말한다. 세계 각국의 바다와 호수 밑에선 이른바 보물선으로 불리는 가라앉은 배들이 발견돼 숱한 수중문화유산들을 발굴해 왔다. 대표적인 수중문화유산으로 9~10세기 노르웨이의 바이킹선, 12

세기의 중국 난하이 1호, 12세기의 송대 해선, 16세기의 영국 메리로스호, 17세기에 발견된 스웨덴의 바사전함, 20세기초 미국의 타이타닉호 등이 꼽을 수 있다. 우리나라 연안에서 문화재가 발견된 지역은 230여 곳에 이르고, 이 가운데 15곳에서 대대적인 발굴작업이 진행됐다. 그동안 8척의 옛 선박이 발견돼 배의 잔해와 함께 9만여 점에 이르는 해양문화재를 건져 올렸다고 한다.

해양유물전시관은 목포시 용해동 바닷가의 천연 조각품 갓바위 부근 남농로에 있다. 갓바위는 바위가 오랜 세월 바닷물에 씻기고 부서지면서 생긴, 갓을 쓴 사람 모양의 두 개의 바위다. 2009년 천연기념물 500호로 지정됐다.

갓바위쪽에서 불어오는 바닷바람을 쐬며 계단을 통해 전시관 입구로 오른다. 먼저 정문 옆쪽 광장에 전시된 거대한 닻을 만난

멍텅구리배의 닻 모형.

다. 전통 새우잡이 배인 멍텅구리배가 바다에 정박할 때 내리던 닻 모형이다. 멍텅구리배란 스스로 움직이지 못해 붙여진 이름이다. 전시관은 실내전시실과 다양한 우리나라 전통배들을 전시한 야외전시실로 이뤄져 있다. 실내전시관은 4개의 상설 전시실과 1개의 특별전시실로 나뉜다. 먼저 1전시실에선 수중문화재 일반과, 국내 연안에서 발굴된 옛날 배와 발굴 유물들에 대한 총괄적인 내용을 살펴본 뒤 완도선을 비롯한 국내 연안 해저 유물들을 둘러본다. 해양문화재연구소 연구원 김병근씨는 "바다 밑에서 목선 일부와 유물들이 오늘날까지 살아남게 된 데는 갯벌에 파묻힌 상태에서 장기간 산소 공급이 차단됐기 때문"이라며

완도선. 11세기말~12세기 초의 고려시대 배. 길이 9m 추정.

"수중문화재는 선박 건조기술 발달과정과 각 계층의 생활문화를 함께 엿볼 수 있는 귀중한 유산"이라고 설명했다.


## 향료와 약재, 과일과 씨앗 등 최근의 것처럼 생생


완도선은 11세기말~12세기초 고려시대의 배로, 강진과 해남 산이면 일대 가마에서 만들어진 청자들을 싣고 개경으로 향하던 중 완도 해역에서 침몰한 청자 보물선이다. 배의 이물(앞부분)과 고물(뒷부분)은 유실됐고 배 밑바닥과 옆부분 일부 목재가 남아

신안선에서 출토된 과일 여지.

신안선에서 출토된 복숭아씨 등 각종 씨.

전체 윤곽을 짚어볼 수 있다. 길이 약 9m, 너비 3.4m, 적재중량 약 9t의 목선으로 추정된다. 주로 소나무나 참나무 계통의 나무로 이뤄져 있다. 완도선에선 청자류와 함께 나무 함지, 쌀을 담아두던 항아리, 시루, 숫돌, 나무망치 등 선원들이 썼던 도구들도 발굴됐다. 1전시실에선 보령 원산도 바다에서 발굴된 향로와 연적 등도 볼 수 있다. 보령 앞바다에선 완제품은 드물고, 주로 깨진 그릇 조각들이 발굴됐는데, 조각을 맞춰 보면 매우 아름다운 청자류들이 대부분이라고 한다. 태안반도 앞바다에서 발굴된 제작연도가 새겨진 그릇들도 눈길을 끈다. '기사(己巳)'란 간지명이 상감기법으로 새겨진 청자들이다. 청자국화무늬 기사명 대접, 청자구름·학무늬 기사명 대접, 청자국화무늬 기사명 접시 등인데, 이는 1329년 제작된 것임을 뜻한다.

제2전시실엔 신안선과 그 유물들을 전시했다. 신안 앞바다에서 발굴된 신안선은 1323년 여름 중국 경원(현재 영파)에서 일본으로 항해하던 중 난파된 무역선이다. 길이 약 34.8m, 너비 11m에 이르는 대형 목선이었다. 최종 목적지는 일본 교토의 절 동복사였다고 한다. 이 배에 타고 있던 사람들은 중국인 선원들과 일본인 무역상 또는 그 대리인으로 추정된다. 항해 시기나, 이동로 등은 배에 실려 있던 동전들과 중국 연호가 기록된 화물표 등을 통해 고스란히 드러났다.

이 배에선 중국 신나라에서 원나라에 이르는 동안 통용된 동전 29t, 약 800만 개가 나왔고, 1만2000여 점의 청자류, 5000여 점의 백자류, 700여 점의 금속제품 등이 쏟아져 나왔다. 무역품

배의 잔해를 바탕으로 복원한 신안선의 얼개.

신안선에서 출토된 소를 탄 아이 모양 연적.

의 주인 또는 대리인의 이름과 물품명 등이 적힌 목패(목간), 선
원들이 쓰던 숫돌·벼루·빗·주사위·장기 등도 발굴됐다. 무
엇보다도 정교한 무늬들로 장식된 청자류와 공예품, 금속유물들
은 눈부시게 아름답다. 중국에서 생산된 물품이 중심이지만, 고
려 청자류와 일본 도자기들도 함께 실려 있었다. 14세기 중국의
모란무늬 꽃병과 연꽃무늬 백자, 13~14세기 고려의 청자 사자모
양 연적, 일본 세토 도자기 등이 대표적이다. 소를 탄 아이 모양
의 연적이나 소 모양의 청자 연적 등, 청동 저울추 등도 아름답
다. 신안선에선 향료와 각종 약재, 후추, 계피 등과 과일, 각종
씨앗들도 발굴됐다. 최근의 것들처럼 생생하다. 배 밑바닥에선
각종 글씨와 기호가 새겨진 목재 가공물 자단목도 관심을 끈다.
배 맨 밑바닥에 무려 1000여개가 실려 있었다고 한다. 자단목은

    여행, 박물관 빼놓고는 상상하지 마라

주로 가구를 만들 때 쓰던 고급 목재다.

2층엔 어촌민속실과 선박역사실이 있다. 3전시실 어촌민속실은 조선시대 실학자인 정약전이 쓴 국내 수산생물 백과사전 〈자산어보〉를 내걸어, ‘새로운 자산어보를 찾아서’란 주제로 전시실을 꾸몄다. 홍어·낙지·조기·전복·소금·젓갈에 얽힌 재미있는 이야기를 만나게 된다. 4전시실 선박사실에선 우리 전통 배인 한선의 역사를 살펴볼 수 있다. 5세기 가야시대의 배 모양 토기에서부터, 장보고의 무역선 복원도, 거북선, 조선통신사선 등의 모형이 전시돼 있다.



1995년 발굴된 달리도 배 모형도 볼 수 있다. 지하 기획전시실에선 그때그때 새로운 주제의 전시회가 열린다. 세금으로 거둔 곡식 등을 실어 나르는 조운선, 조운선이 다니던 뱃길 등 고려시대 세금걷기와 운송시스템을 보여주는 ‘고려 뱃길로 세금을 걷다’ 전 등이 열렸다. 해변전시장에선 신안 가거도배, 남해의 통구마니배, 동해의 목선, 멍텅구리배 등 여러 배의 모형과 개막이·덤장·죽방렴 등 전통 고기잡이 방식을 살펴볼 수 있다.

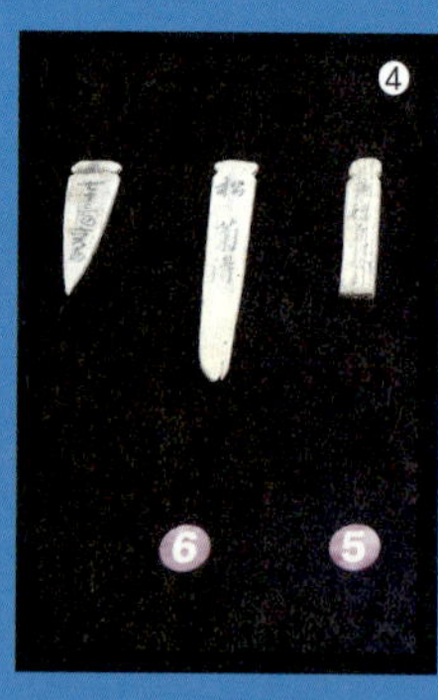

❶ 고기잡이 도구인 통발.
❷ 태안 대섬 앞바다에서 발굴된 12세기 그릇.
❸ 신안선에서 출토된 후추.
❹ 신안선에서 나온 다양한 목패(화물패).
❺ 신안선에서 나온 동전묶음.
❻ 신안선에서 나온 주사위.
❼ 완도선에서 나온 나무함지.
❽ 국립해양유물전시관 실내 전경.
❾ 십이동파도 배에서 나온 고려청자 광구병.

# 박물관 ✛

목포는 남서해안에서 가장 큰 항구다. 100여년 전 개항해 일제 강점기를 거치면서 형성된 근대문화유산이 지금껏 남아 있다. 또 목포는 다도해 섬으로 가는 길목이기도 하다. 과거로 시간여행을 떠난 듯한 향수어린 거리 표정과 항구의 독특한 정서가 어울려 목포만의 문화가 있다. 홍어나 세발낙지, '목포의 눈물'이면 모두가 친구가 되는 애틋한 정서가 있다.

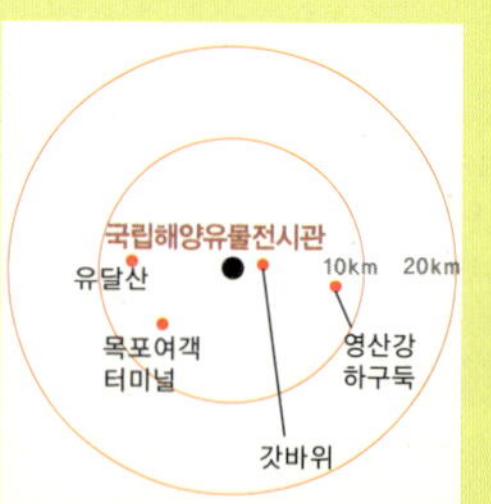



## 가이드 및 체험 프로그램

음성안내기가 비치돼 있다. 단체는 문화해설사 요청 가능. 사전에 전시홍보과로 예약해야 한다. 지하에 어린이해양문화체험관이 있다. 놀이와 학습 공간. 전통 노젓기를 통한 항해 체험, 장보고와 이순신, 선사시대 고래잡이, 배무이(전통 배 공방), 물고기 탁본, 보물선을 찾아라! 등으로 구성됐다. 요금 무료.

## 축제 및 연계 프로그램

매년 7월이면 하당 평화광장 일원에서 목포해양문화축제가 열린다. 문화유산보다는 미래 비전을 엿보는 자리. 공연과 기획전시, 컨퍼런스, 체험프로그램으로 구성. 전통한선 노젓기 등의 해양체험 프로그램이 풍성하다. 축제조직위원회(☎ 061-270-8441) www.mokpofestival.com).

## 연관 박물관

**국립중앙박물관** 서울 용산에 위치했다. 신안 해저 보물선에 실려 있던 유물의 대부분이 이곳에 전시되어 있다. 보물선 선체는 목포해양유물전시관 관할이지만, 유물은 국립중앙박물관이 관리. 박물관 4층 동양실에 신안해저문화재실이 별도로 꾸며져 있다. ☎ 02-2077-9000 www.museum.go.kr

## 연계 투어

목포시가 추천하는 역사문화체험 코스가 있다. 100년 전으로의 시간여행이 테마다. 옛 일본영사관, 동양척식주식회사, 호남유일의 일본식정원인 이훈동 정원 등으로 구성. 목포시에서 운영하는 시티투어를 이용하면 좋다. 매일 오전 9시 1회 운영. 해설사가 동승해 가이드를 해준다. 요금은 어른 3000원, 어린이 1000원. 사전예약 필수. 초원여행사(☎ 061-245-3088)

## 가볼만한 여행지

**갓바위** 해양유물전시관에서 지척에 있다. 해풍과 파도에 씻긴 바위가 갓을 쓰고 있는 모양이라고 해서 갓바위란 이름을 얻었다. 예전

에는 배를 타고 바다로 나가야 제대로 볼 수 있었지만 최근에 관람로를 조성, 편하게 볼 수 있게 했다.

**영산강하구언** 목포에서 해남·강진으로 가는 길목에 있다. 영산강을 막아놓아 만든 곳으로 낮에도 좋지만 강바람 쐬며 밤에 걷는 맛도 좋다. 이곳에서 바라보는 목포의 야경이 운치 있다. 낚시를 좋아하는 이들은 갈치나 망둥어 잡는 재미로 시간 가는 줄 모르는 곳이기도 하다.

**유달산** 목포를 상징하는 산이다. 높이는 해발 228m에 불과하지만 다양한 유적과 볼거리가 있다. 특히, 정상에 서면 근대 개항지로 영욕의 세월을 보낸 목포항 전경과 섬들이 첩첩이 겹친 신안 앞바다가 장관이다. '목포의 눈물'을 부른 이난영 노래비와 오포대, 조각공원, 정자, 노적봉 등 볼거리가 많다.

## 교통

자가운전은 서해안고속도로를 이용한다. 서해안고속도로 종점에서 목포역까지는 30분 거리다. 목포만 돌아볼 여정이라면 대중교통을 이용해도 좋다. 서울~목포는 KTX를 이용한다. 3시간 30분 소요. 목포역에서는 시티 투어 버스를 이용한다.

## 숙박

목포의 깨끗한 모텔은 하당 평화광장 주변에 몰려 있다. 샹그리아비치관광호텔(061-285-0100), 로미오모텔(☎ 061-284-5673).

## 박물관 옆 맛집

홍어회와 묵은김치, 삼겹살에 막걸리를 곁들여 먹는 이른바 홍탁삼합. 목포 옥암동의 인동주마을 본점(☎ 061-284-4068)은 홍탁삼합 전문식당이다. 잘 삭힌 홍어를 기본으로 다채롭고도 맛깔스런 밑반찬들을 맛볼 수 있는 곳이다. 꽃게장도 잘 담근다. 홍어삼합 1만5천원, 꽃게장백반(간장게장+홍어삼합) 4인분 3만원, 가오리찜 1만원, 인동초로 담그는 인동주 5천~1만원. 만호동엔 민어횟집 즐비한 민어회 골목이 있다. 만호동 영란횟집(☎ 061-243-7311)에선 민어회와 함께 민어 어란(**사진**)·부레·다진 뼈·껍질까지 맛볼 수 있다. 민어회 2~3인분 한 접시 4만5천원, 민어탕 5천원.

지아비를 잃고 눈물로 편지를 써 무덤에도 묻고 가슴에도 묻는다. 머리카락을 잘라 꼬아 만든 미투리도 함께 넣었다. 조선판 '사랑과 영혼'의 환생이다.

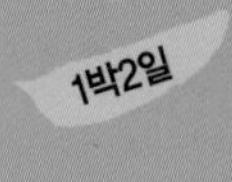

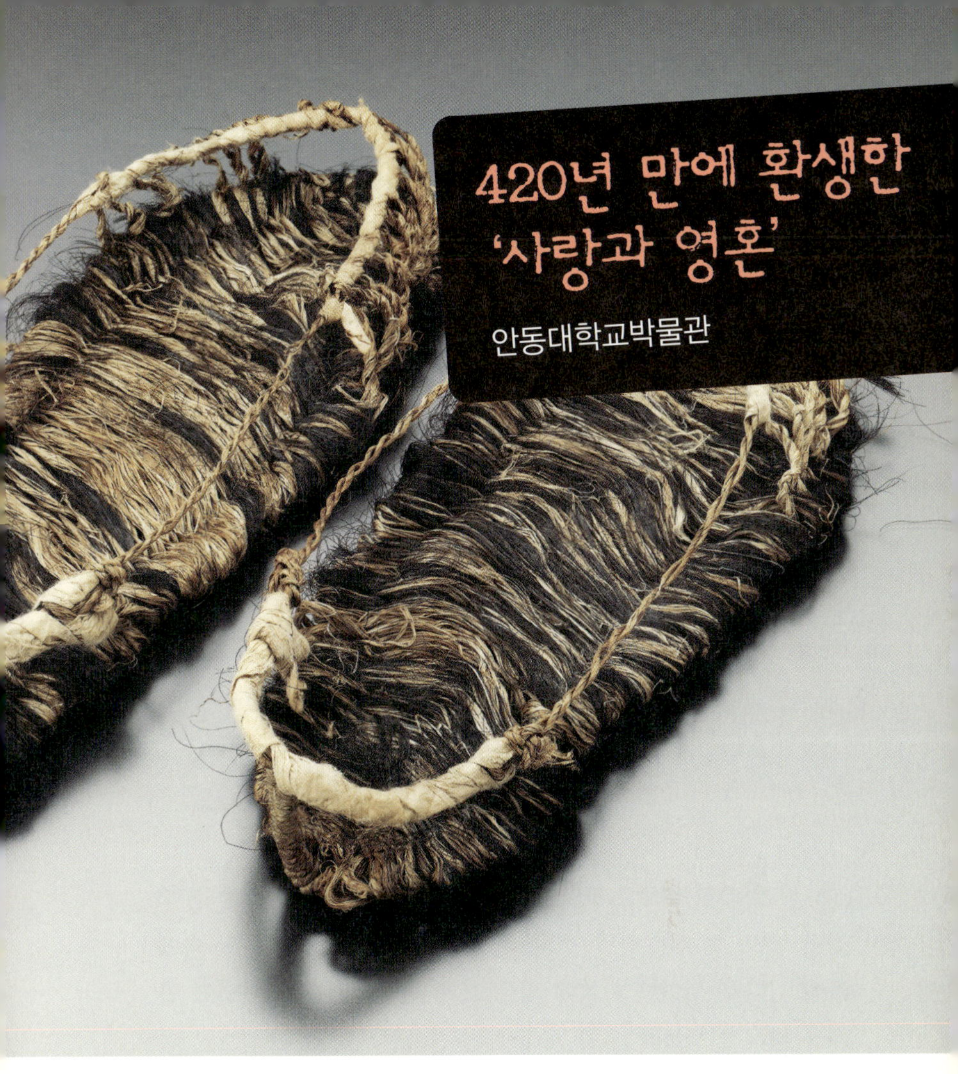

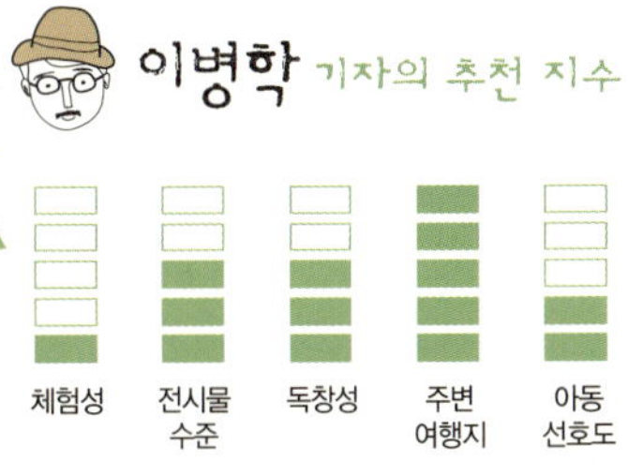

주소 경북 안동시 송천동 388 홈페이지 http://museum.andong.ac.kr 전화 054-820-7421 관람시간 오전 10시~오후 5시(토·일·공휴일은 휴관. 10명 이상 단체 예약은 수시로 관람 가능) 관람료 무료 전시물 이응태 등 조선 중~후기 무덤 출토물, 임하사 전탑터 출토 사리구, 안동지역 구석기 유물 등. 체험행사 없음.

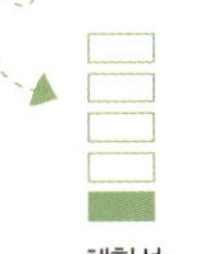
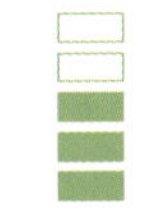

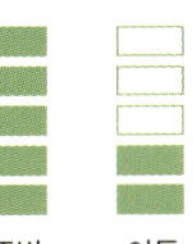

　　:: 숱한 박물관 중에 선뜻 발을 들여놓기 어려운 곳이 대학 박물관이다. 일단 ‘대학’ ‘박물관’이란 이름에서 풍기는 학술적이고 교육적인, 뭔가 고리타분하게 느껴지는 분위기가 발걸음을 무겁게 한다. 인터넷에 상세 정보가 무수히 떠도는 여타 박물관들과 달리 소장품에 대한 정보가 별로 없고, 대체로 규모가 작다는 점도 한몫 한다. 그러나 들어가 살펴보면 말 그대로 보석같은 유물과 흥미진진한 이야기를 가득 품은 대학 박물관도 있다. ‘사랑과 영혼’ 이야기의 진수를 만나러, 경상북도 안동시 안동대학교 박물관으로 간다. “사랑, 사랑, 해도 이렇게 애절하고 감동적인 애긴 드물 겁니다.” 안동대 박물관 조규복 학예연구사는 “이 사랑 얘기가 깃든 유물을 만나보는 것만으로도 안동대 박물관을 찾은 보람을 느끼실 것”이라고 말했다.

### “머리가 희어지도록 살다가 함께 죽자 하시더니…”

　　널리 알려진 대로, 10년 전 한 무덤에서 발굴돼 큰 감동을 주었던 ‘원이 엄마의 한글 편지’ 이야기다. 420년 동안 무덤 속에 들어 있다가 우연한 기회에 빛을 보게 된 이 편지는, 가볍고 얄은 사랑이 일상화한 우리 시대에, 잔잔하면서도 큰 울림으로 다가와 가슴을 친다. 무덤의 주인공은 고성 이씨(固城 李氏) 이응태(李應台, 1556~1586). 아이를 뱃속에 둔 젊은 아내와 어린 아들, 부모형제를 두고 서른 한 살의 나이로 세상을 떴다. 이 무덤에서 나온 유물들이 안동대 박물관 3층에 상설 전시되고 있다. 내용을 알고 가도 직접 만나보면 가슴이 뭉클해진다. '워늬 아바님께 샹백-병슐 뉴월 초하룬날 지비서'(원이 아버님께 올림-병술년 유월 초하룻날, 집에서)라는 제목의 편지는 이렇게 시작된다(편의상 아래 아 · 는 ㅏ 로 표기해 옮겼음).

"자내 샹해 날다려 닐오대 둘히 머리 셰도록 사다가 함께 죽쟈 하시더니 엇디하야 나를 두고 자내 몬져 가시노. 날하고 자식하며 뉘 긔걸하야 엇디하야 살라하야 다 더디고 자내 몬져 가시난고."(당신 늘 나에게 이르되, 둘이서 머리가 희어지도록 살다가 함께 죽자 하시더니, 어찌 나를 두고 당신 먼저 가십니까. 나와 자식은 누구한테 기대어 어떻게 살라고 다 버리고 당신 먼저 가시나요.)

가로 58cm, 세로 34cm의 한지에 붓으로 빼곡히 써내려간 한글 편지엔, 서럽고 쓸쓸하고 황망하고 안타까운 한 아내의 심정이 강물처럼 굽이친다. 함께 누워 속삭이던 일에서부터 뱃속 아이를 생각하며 느끼는 서러운 심정, 꿈속에서 만나 이야기 나누고 싶다는 애절한 간청까지 절절하게 녹아 흐른다.

"함께 누워서 당신에게 물었죠. 여보, 남도 우리 같이 서로 어여삐 여기고 사랑할까요. 남도 우리 같은가 하여 물었죠. 당신은 그러한 일을 생각지 않고 나를 버리고 먼저 가시나요."

한지 오른쪽 끝에서부터 써내려간 편지는, 왼쪽 끝까지 가득 채우고 모자라 위 여백으로 이어진다. 그러고도 모자라 "하고 싶은 말 끝이 없어 이만 적나이다"라는 마지막 문장은 다시 글 첫머리 쪽 여백에 거꾸로 씌어 있다. 뭉클해져 편지를 들여다보고 있는데, 조규복 학예연구사가 냉정하게 설명했다.

"여백을 활용해 쓰는 이런 편지 양식은 당시로선 일반적인 것이죠. 첫째 종이가 귀하던 당시 시대상을 반영하고, 둘째 쓴 이의 마음, 즉 할 말이 이토록 많다는 뜻을 내포하고 있습니다. 어떻게 보면 여백까지 활용해 글을 꽉 채웠으면서도, 읽는 이에게 풍성한 느낌을 주면서 지루하지 않게 읽히도록 한 방식이기도 하지요."

가득 쓰고도 모자라 위 여백까지 빽빽이...
남편 호칭은 '자내'

더 감동적인 건 함께 출토된 미투리다. 미투리란 삼껍질 등을 꼬아 삼은 신발이다. 여기서 나온 미투리는 삼과 머리카락을 함께 꼬아 삼은 것이다. 이 머리카락은 원이 엄마의 것으로 추정된다. 미투리는 한지에 싸여 있었는데, 한지엔 한글 편지가 적혀 있으나 훼손돼 "이 신 신어보지도 못하고…" 등 일부 글귀만 확인된다. 조 학예사는 "남편이 병석에 누운 뒤 쾌유를 빌면서 삼기 시작한 미투리"라며 "끝내 세상을 뜨자 함께 무덤에 넣었을 것"이라고 설명했다.

   여행, 박물관 빼놓고는 상상하지 마라

이응태 무덤에서 나온 수의 등 부장품.

무덤에선 아들 원이가 입던 옷(저고리)과 원이 엄마의 치마도 나왔다. 형(이몽태)이 동생에게 쓴 한시 '울면서 아우를 보낸다'와 형이 쓰던 부채에 적은 '만시(輓時)'도 있었고, 이응태가 부친과 주고받은 편지도 여러 통 발견됐다. 발굴된 의복은 40여벌에 이른다. 부친과 나눈 편지엔 전염병 관련 내용이 자주 등장하는 것으로 보아 무덤의 주인은 당시 전염병을 앓다 숨진 것으로 추정된다. 부친과 편지를 주고받았다는 건 이응태가 처가살이를 하고 있었다는 걸 뜻한다고 조 학예사는 말했다.

"당시(임진왜란 전)엔 결혼하면 시댁살이와 함께 처가에 가서 사는 것도 일반적이었습니다. 남녀가 동등한 대우를 받았다는

이응태 아내가 자신의 머리카락을 함께 꼬아 만든 미투리.

걸 뜻하죠. 임란 전엔 재산 분할도 아들딸 차별이 없었습니다. 이런 인식은 편지에도 드러나 있어요."

원이 엄마의 편지에 나오는 남편에 대한 호칭이 '자내'다. 지금은 아랫사람에게 쓰는 호칭(자네)으로 바뀌었지만, 임진왜란 전까지는 상대를 높이거나 최소한 동등하게 대우해 부르는 호칭이었다.

〈내셔널지오그래픽〉에도 소개되고,
국제 잡지 논문까지 게재

이응태의 무덤은 1998년 우연한 계기로 발굴됐다. 안동시 정상동 택지개발지구 지정으로 주인 없는 무덤을 이장하는 과정에서 안동대 박물관쪽의 지표조사가 계획돼 있었다고 한다. 그러나 안동 어느 문중에서 입향조의 무덤을 찾기 위해 무덤들을 파다가 명정(무덤에 덮는 천)에 '철성 이씨'라 적힌 무덤을 발견하고 고성 이씨 문중에 알렸다고 한다(고성 이씨는 본디 철성 이씨로 썼다). 발굴은 고성 이씨 문중 입회 아래 진행됐고, 무수한 부장물이 쏟아져 나왔다. 당시 발굴작업에 직접 참여했던 조규복 학예사가 말했다.

"자료 정리 중 이응태란 이름이 나와 고성 이씨 족보를 찾았죠. 그러나 이응태란 이름엔 생몰미상, 묘 미상으로 적혀 있었어요. 결국 한글편지와 한시 등을 통해 생몰연대 등을 비롯한 모든 것을 파악할 수 있었습니다."

아내가 쓴 한글편지의 "병술 유월" 그리고 형이 쓴 시의 "아우와 함께 부모를 봉양한 지 31년"이란 대목으로, 이응태가 1556년 태어나 서른 한살의 나이에 숨진 것으로 파악됐다. 이런 내용은 다큐멘터리 저널 〈내셔널지오그래픽〉 2007년 11월호에 소개됐고, 2009년 3월엔 '원이 엄마 한글편지'와 출토물을 다룬 연구논문이 국제 고고학 잡지 〈앤티쿼티〉 표지논문으로 실리기도 했다.

이응태의 무덤과 같은 능선에 있던 이응태의 할머니 '일선 문씨' 무덤에서도 미라와 함께 많은 옷가지 등 부장품이 쏟아졌다. 조 학예사는 할머니와 손자의 무덤에서, 모두 완벽한 상태의 미라와 생생한 부장품들이 발굴된 것은 희귀한 사례라고 말했다. 특히 할머니의 관은 일반 장비론 깰 수 없을 정도로 단단하게 굳은 회벽 안에 들어 있었다고 한다. 할머니 무덤에선 수의 등 옷

가지 60여점과 실타래, 조롱박 노리개, 향주머니 등이 나왔다. 안동대 박물관 삼층엔 이응태와 할머니 무덤에서 발굴된 유물들이 마주보고 전시돼 있다. 전시실 옆 영상관에선 이응태 무덤 발굴 과정과 한글편지 내용 등을 영상으로 감상할 수 있다. 7분 분량.




안동대 박물관에 물론 이응태 관련 유물만 있는 건 아니다. 이응태 외에 다른 조선 중기~후기 무덤에서 나온 의복 등을 통해 조선 복식의 변천을 한눈에 살펴볼 수 있다. 수의 앞에 붙였던 '흉배'의 동물 모양 수예장식들도 볼거리다. 마애리 유적 등 후기 구석기 시대 유적 출토 유물에서부터 신라, 고려, 조선시대의 토기·청자·백자들까지 다양한 안동지역 유물들을 살펴볼 수 있다. 1만2000여점의 소장품 중 300여점을 상설 전시하고 있다. 해마다 일부 유물을 교체 전시한다.

조 학예사는 관심 있게 볼 만한 전시물로 '임하사 전탑터 출토 사리구'를 꼽았다. 통일신라시대 절 임하사의 전탑터에서 나온 유물이다. 은으로 만들어 유리를 덧씌운 사리병, 금제 내함과 맞배지붕형 사리함(외함)을 볼 수 있다. 특히 맞배지붕형 사리함은 국내 유일의 것이라고 한다. 태화동 고분 출토 통일신라시대 금동귀고리, 정하동 출토 고려청자, 청화백자 용문호, 은입사담배합 등도 볼거리다. 박물관 앞마당에선 옛 안동향교터(통일신라시

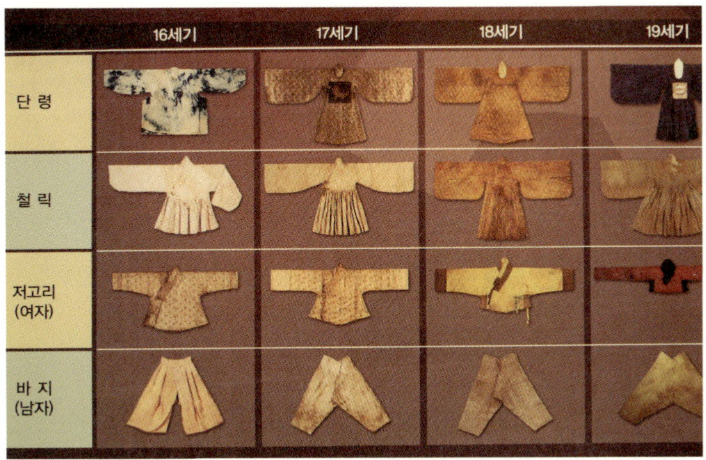



조선시대 의복의 변천.

대 절터)에서 발굴된 석사자·석탑·불상들을 만날 수 있다. 박
물관 벽을 뚫고 창을 내, 교내에 자리한 역동서원이 내려다보이
도록 한 것도 특이하다. 역동서원은 고려말 유학자 우탁의 학문
과 덕을 기려 조선 선조 때 세워진 서원이다. 1975년 안동댐 건
설로 물에 잠기게 되자 지금의 자리로 옮겨 지었는데, 1991년 안
동대학교가 옮겨오면서 교내 서원이 되었다.

안동대 박물관을 찾는 이들 중엔 고성 이씨 문중 사람들이 많
다고 한다. 그러나 알음알음으로 찾아와 이응태 무덤 출토품을
보고 감동을 가슴에 담아가는 일반인들도 많다. 이응태 부부의
사랑 이야기가 주는 감동은 이들이 남긴 유물을 하나하나 찬찬히
들여다볼 때 더 깊어진다. 여리고 짙은 붓자국을 따라 한 획 한
획, 420년 전 이 땅의 한 엄마가 남긴 한글 편지를 읽어 보시길.

원이 아버지께… 병술년 유월 초하룻날 집에서

　당신 언제나 나에게 '둘이 머리 희어지도록 살다가 함께 죽자'고 하셨지요. 그런데 어찌 나를 두고 당신 먼저 가십니까. 나와 어린 아이는 누구의 말을 듣고 어떻게 살라고 다 버리고 당신 먼저 가십니까.

　당신 나에게 마음을 어떻게 가져 왔고 또 나는 당신에게 마음을 어떻게 가져 왔었나요. 함께 누우면 언제나 나는 당신에게 말하곤 했지요. '여보, 다른 사람들도 우리처럼 서로 어여삐 여기고 사랑할까요.' '남들도 정말 우리 같을까요.' 어찌 그런 일들 생각하지도 않고 나를 버리고 먼저 가시는가요.

　당신을 여의고는 아무리 해도 나는 살 수 없어요. 빨리 당신께 가고 싶어요. 나를 데려가 주세요. 당신을 향한 마음을 이승에서 잊을 수가 없고 서러운 뜻 한이 없습니다. 내 마음 어디에 두고 자식 데리고 당신을 그리워하며 살 수 있을까 생각합니다.

　이 내 편지 보시고 내 꿈에 와서 자세히 말해 주세요. 꿈속에서 당신 말을 자세히 듣고 싶어서 이렇게 써서 넣어드립니다. 자세히 보시고 나에게 말해 주세요.

당신 내 뱃속의 자식 낳으면 보고 말할 것 있다 하고 그렇게 가
시니, 뱃속의 자식 낳으면 누구를 아버지라 하라시는 거지요. 아무
리 한들 내 마음 같겠습니까.

한도 없고 끝도 없어 다 못 쓰고 대강만 적습니다. 이 편지 자세
히 보시고 내 꿈에 와서 당신 모습 자세히 보여 주시고 또 말해 주
세요. 나는 꿈에서는 당신을 볼 수 있다고 믿고 있습니다. 몰래 와
서 보여주세요. 하고 싶은 말 끝이 없어 이만 적습니다.

—임세권 안동대 사학과 교수 풀어 씀

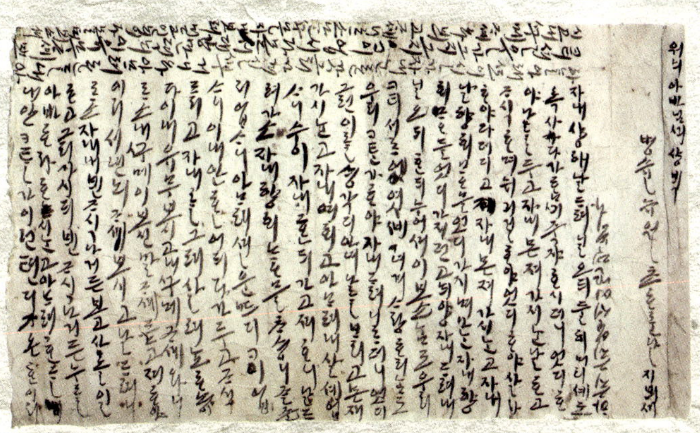

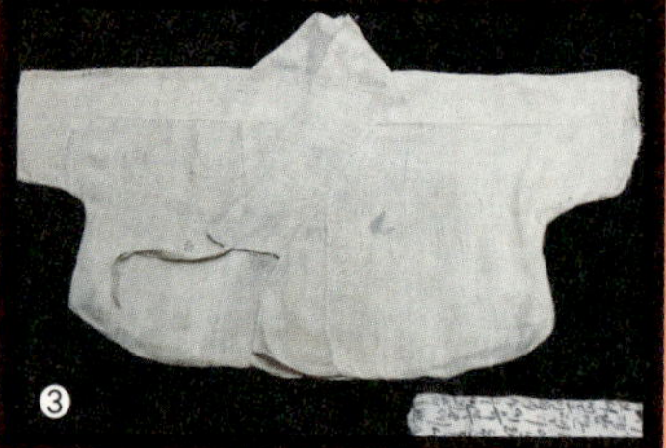

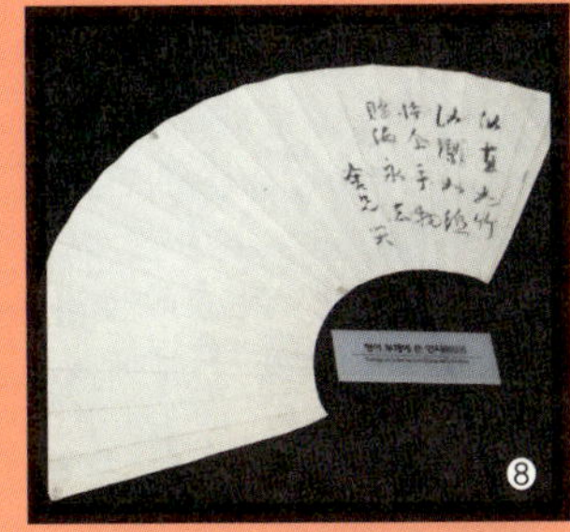

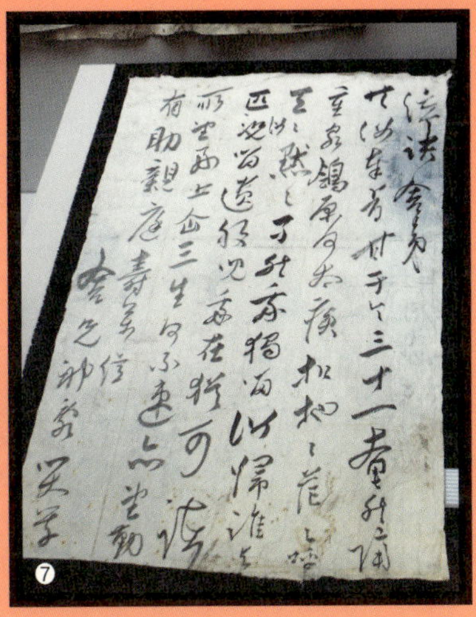

❶ 미투리. 이응태 무덤 출토.
❷ 조선시대 안방 물품들.
❸ 이응태 무덤에 함께 묻은 아들 원이의 저고리.
❹ 이응태 무덤에서 나온 수의 등 부장품.
❺ 조선시대 모자들.
❻ 조선시대 말안장.
❼ 이응태 무덤에서 나온 형의 편지.
❽ 이응태 무덤에서 나온 형의 부채.

# 박물관+

안동여행의 첫 순위는 하회마을과 병산서원이다. 또 영국 엘리자베스 여왕이 방문했던 봉정사도 있다. 퇴계 이황의 정신이 깃든 도산서원도 볼거리다. 최소 1박2일은 잡아야 대충 둘러볼 수 있다. 제대로 보려면 3일 일정은 잡아야 한다.

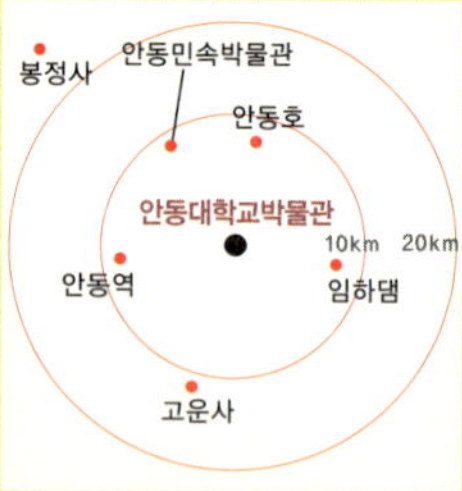


### 가이드 및 체험 프로그램

전문 학예사의 설명을 들으며 관람할 수 있다. 사전 예약 필수. 박물관에서 내다보이는 역동서원이 있다. 고려 말의 성리학자인 역동 우탁 선생의 위패를 모신 안동 최초의 서원. 매년 음력 2월과 8월의 하정일에 향사한다. 평상시 닫혀 있어 방문 전 박물관으로 문의 필수.

### 축제 및 연계 프로그램

매년 가을 안동탈춤국제페스티벌이 열린다. 탈춤 공연 등과 함께 안동민속축제가 볼거리. 조선시대 부녀자들의 삶을 문학적으로 표현한 내방가사 경창대회, 강강술래와 함께 한국을 대표하는 여성대동놀이 놋다리밟기, 달집태우기, 도산별시, 저전동 농요시연 등 축제의 명성에 맞게 프로그램이 풍성하다. ☎ 054-840-6398 www.maskdance.com

### 연관 박물관

**안동시립민속박물관** 안동시 성곡동에 있다. 민속, 불교, 유교 문화가 공존하고 있는 안동의 민속문화 전문 박물관. 2층 규모의 실내 전시실에는 주제에 맞춰 제작된 모형들이 이해를 높인다. 야외 전시마당에는 석빙고, 초가도토마리집 등 안동지방의 실재 민속자료를 옮겨와 전시하고 있다. ☎ 054-821-0649 www.adfm.or.kr

### 연계 투어

지붕 없는 박물관 안동. 골골마다 마애선사유적지관, 봉정사 성보관, 안동시립민속박물관 등 20여개 박물관 기행만으로 주말이 꽉 찬다. 안동관광은 안동시티투어를 이용한다. 하회마을권, 도산서원권, 낙동강 생태체험 등 권역별, 테마별 코스가 다양하다. 6인 이상이면 맞춤 코스도 가능. 안동시티투어(☎ 054-855-7179 www.andongtour.kr)

### 가볼만한 여행지

**하회마을** 낙동강이 감싸고 돌아나간 전통마을. 풍산 유씨 집성촌으로 마을 전체가 초가와 기와집 등 조선시대의 모습 그대로를 간직하고 있다. 세계의 탈을 한 자리에서 모아 놓은 하회동탈박물관과 병산서원 등 볼거리가 넘친다.

**봉정사** 신라의 선승 의상대사가 창건한 절. 1972년 복원공사 중 고려 공민왕 12년(1363년) 중수했다는 기록이 발견돼 현존하는 가장 오래된 목조건물로 불린다. 가파른 비탈에 계단식으로 배치한 절 모습도 독특하다.

**도산서원** 퇴계 이황을 추모하기 위해 세운 서원. 퇴계는 조선 중기의 대학자로 영남학파의 선구자다. 퇴계는 본래 안동이 고향으로 관직에서 물러난 뒤 도산서당을 설립, 후진양성에 힘썼다.

### 교통

중앙고속도로 서안동IC로 나온다. 34번 국도를 따라 안동 시내를 관통해 계속 직진한다. 서안동IC~안동대학교 20km. 안동역과 안동시외버스터미널에서 안동대 입구로 가는 버스 수시 운행.

### 숙박

안동은 하회마을을 비롯해 종택이나 고택 등 전통 한옥에서 하룻밤을 보낼 수 있는 곳이 많다. 전통한옥에 대한 정보는 안동의 고가(www.gotaek.kr)에서 얻을 수 있다. 안동시내에는 모텔 등의 숙박시설이 많다. 로젤라(☎ 054-856-7787), 안동파크호텔(☎ 054-859-1500)

### 박물관 옆 맛집

안동은 특별한 먹을거리로 유명한 곳. 간고등어의 명성에 최근 안동찜닭이 더해졌다. 고온에서 삶아낸 닭에 감자 양파 당근 버섯 등을 넣고 청양초와 간장으로 간을 한다. 마지막에 불린 당면을 넣어 양을 푸짐하게 한다. 안동찜닭은 이른바 '닭골목' 이라 불리는 안동 구시장이 본거지로 어느 집을 찾아가도 후회는 없

다. 김대감찜닭(☎ 054-853-0449)이 알아준다. 한 마리 2만원. 헛제사밥(**사진**)도 안동의 별미다. 말 그대로 제사도 안 지내고 먹는 제사음식이다. 하회마을이나 안동댐 주변에서 맛볼 수 있다. 안동댐 입구에 있는 까치구멍집(☎ 054-821-1056)이 유명하다.

대부분 '작자 미상'에 낙관도 없이 천대받던 그림들. 이곳
에 가면 '못난 놈은 못난 놈끼리' 한데 어울려 질펀하
다. 때론 소박하고 익살스럽게, 때론 파격적으로.

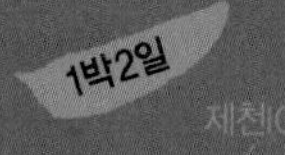

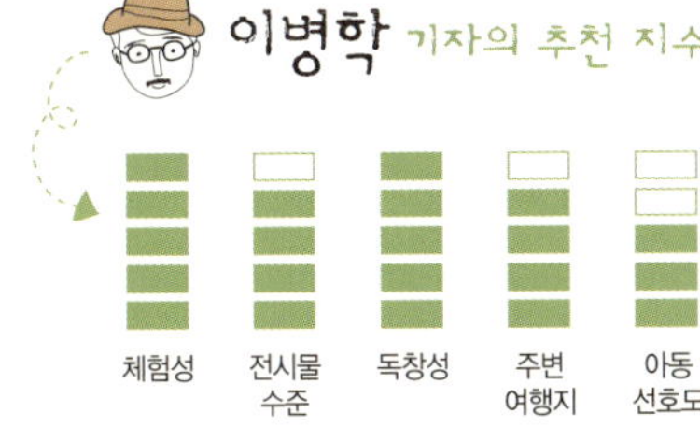

# 서민 삶 녹아나는 그림 3500점

## 조선민화박물관

주소 강원도 영월군 하동면 와석리 841-1  홈페이지 www.minhwa.co.kr 전화 033-375-6100 관람시간 오전 10시~오후 6시(겨울엔 오후 5시까지 개장. 연중 무휴) 관람료 어른 3000원, 중고생 2000원, 초등생 1500원 전시물 전통 민화, 현대 민화, 고가구, 춘화 등 체험행사 판화(3000원) ,민화타일(1만원), 부채에 민화그리기(7000원) 등.

이병학 기자의 추천 지수

| 체험성 | 전시물 수준 | 독창성 | 주변 여행지 | 아동 선호도 |
|---|---|---|---|---|

∷ 조선민화박물관은 영월 깊은 산속 산비탈에 자리하고 있다. 산 넘고 물 건너서 다시 고개 넘어 들어가야 하는 먼 여정이다. 길은 멀어도 38국도, 88군도 따라 오며가며 만나는 볼거리는 아주 풍성하다. 풍자시의 달인 김병연(김삿갓) 유적지도 부근에 있다. 늘 서민 편에 섰던 김삿갓과 조선 후기 서민들 삶의 애환이 담긴 민화를 한 지역에서 만날 수 있다는 것은 행운이다. 옛 것 좋아하고 깨끗한 자연풍경에 관심 있는 사람이라면 아주 보람찬 여정이 될 게 분명하다.

## 작자 미상에 낙관도 없이 천대…
## 20년 동안 사재 털어 모아

"민화는 조선시대 서민 생활상과 정서가 고스란히 베어 있는 민속화입니다. '작자 미상'의 그림, 낙관 없는 그림, 격이 낮은 그림, 창의성이 부족한 그림이라는 이유로 홀대받던 그림들이지요."

조선민화박물관 오석환(55) 관장은 공무원 출신이다. 민화에 반해 25년 가까운 세월을 민화와 함께 살아왔다. 처음 만나자마자 그는 정통회화에 밀려 가치 평가를 제대로 받지 못한 '촌스럽고 수준 낮은 서민 그림'인 민화의 세계로 다짜고짜 끌고 들어갔다. 끌려들어가서 빠져나오는 데 다섯 시간이 걸렸다.

조선민화박물관은 2000년 7월 국내 처음으로 문을 연 사립 민화 전문 박물관이다. 소장하고 있는 3500여 점 중 150~170여 점

❶ 구운몽도.
❷ 문자도 믿을신.

을 해마다 두 차례씩 교체해 상설 전시한다. 박물관엔 5명의 해설사가 방문객을 맞이한다. 오 관장은 "혼자 오신 분에게도 해설사들이 직접 안내하며 상세한 설명을 해드린다"고 말했다. 자신이 20여년 간 사재를 들여 모은 민화 3500여점에 대한 자부심이 묻어난다. 오 관장은 분재·수석이 취미였다. 연출을 위해 고가구를 모아들이다 고서화점에서 민화를 만났다.

"민화 자체가 흥미진진한 이야기로 다가왔죠."

빠져들수록 무궁무진한 이야기에 반해 하나둘씩 민화를 사 모으기 시작했다. 90년대 중반부터는 전국 고물상과 고서점을 뒤지고 다니며 본격적인 수집에 나섰다. 모아들인 민화는 객관성

확보를 위해 곧바로 문화재전문위원의 감정을 받았다. 오 관장은 "지금까지 모은 민화는 단 한 점도 판 일이 없다"며 "돈이 된다고 생각해본 적도, 내것이라고 생각한 적도 없다"고 말했다.

민화는 주로 조선 후기부터 일제시대에 걸쳐 민간에서 유행한 실용화다. 사대부들은 속화·잡화·별화라는 이름으로 부르며 정통회화와 구분했다. 다양한 사물에 상징성을 부여하고 일정한 격식을 갖춰 관습적으로 되풀이해서 그려져 온 그림이다. 주로 이름 없는 민간 화가나 떠돌이 화가들에 의해 그려졌다. 비슷한 소재를 다루다 보니 창의성이란 게 필요하지도 않고, 발휘해볼 여지도 별로 없는 그림이다. 감상용 그림이 아니라 복을 빌고 나쁜 기운을 물리치기 위해 반복적으로 그려진 실용화이기 때문이다. 힘들고 어려운 시기에 서민들의 꿈과 소망을 담아 그려진 것들로, 왕실이나 사대부 등 상류계층의 그림 문화가 서민들 일상생활 속으로 퍼진 것이다. 비록 세련미는 떨어지지만 때론 소박하면서도 익살스럽고, 때론 파격적인 내용의 그림이 강렬한 채색으로 표현된다.

"잘 그리고 못 그리고가 아니라
거기 담긴 의미가 중요"

오 관장이 우스꽝스런 표정을 짓고 있는 '까치와 호랑이' 그림의 호랑이 얼굴을 가리켰다.

까치와 호랑이.

"민화는 잘 그리고 못 그리고가 중요한 게 아니라 거기 담겨 있는 의미가 중요합니다."

그는 "집안 대소사나 절기에 맞게 희망과 꿈을 담아 그려낸 장식용 그림이기 때문"이라고 설명했다.

"옛날 사대부 집안에선 부엌엔 화기를 다스리는 해태 그림을 그려 붙였고, 대문엔 나쁜 기운을 물리치는 호랑이와 좋은 기운을 불러들이는 까치를 함께 그린 작호도(鵲虎圖)를 그려 붙였죠. 또 중문엔 잡귀를 막는 데 효과가 있다는 닭 그림을, 다락방엔 물고기 그림(언제나 눈을 뜨고 있는 물고기처럼 잘 지켜야 한다는 뜻)을 붙였어요. 이렇게 필요에 의해 그려진 그림이 조선 중반기 이후 일반 서민들에게로 퍼져나간 것이지요."

새·꽃·잉어 등 그려진 사물 하나하나가 꿈꾸고 소망하는 바를 담은 상징물들이다. 대표적인 유형으로 가정의 화목을 위해 꽃과 새 등을 그린 화조도(花鳥圖), 부부 금슬이나 출세 등을 바라며 붕어·메기·잉어 등 물고기류와 게·거북 등을 그린 어해도(魚蟹圖), 장수를 기원하는 십장생도(十長生圖) 등이 있다. 문자도(文字圖)는 다양하게 변용시킨 글자와 상징적인 사물을 함께 그려 넣어 한자의 뜻을 강조한 교훈적인 그림이다.

20여년 전만 해도 민화에 대한 관심은 매우 낮은 수준이었다고 한다. 고물상을 통해 나오는 민화들을 일부 전문가들이 수집해 오다, 1980년대 들어 전통 문화에 대한 관심이 커지면서 민화의 가치도 재조명되기 시작했다. 최근엔 민화 연구자가 늘면서 민화 관련 강좌가 수시로 열리고, 민화를 전문으로 그리는 화가들도 크게 늘었다. 민화 저변 확대를 위한 전국민화공모전이 생겼고, 2007년엔 전문 연구자들의 모임인 민화학회도 만들어졌

조선민화박물관 춘화방.

다. 일부 대학에선 민화 관련 학과 개설도 추진중이라고 한다. 민화란 명칭을 두고 일부 논란도 있다. 민화란 명칭은 일본의 미술 연구가 야나기 무네요시(1889~1961)가 일본의 민속화를 부를 때 쓴 이름이다. 우리의 민족 정서를 담은 새 우리말 이름을 지어 불러야 한다는 주장과 서민화, 민속화란 점에서 민화란 이름이 적절하다는 주장이 있다.



조선민화박물관은 2층 건물에 4개의 전시관으로 구성돼 있다. 1층에 조선 후기부터 일제에 이르기까지 제작된 전통 민화 160여점과 고가구 60여점을 전시했고, 뒤쪽 2층 건물 약리성룡관(잉어가 도약해 용이 되어 승천한다는 뜻)과 일월곤륜관 등엔 공모전에서 상을 받은 현대 민화작가들의 작품 등 현대 민화 100여점을 전시하고 있다. 2009년 8월엔 증축공사를 벌여 단체 체험관과 휴식 공간, 학예연구실을 새로 들였다.

성관계를 묘사한 그림인 춘화도 민화에 속한다. 조선민화박물관 2층엔 19살 미만 출입금지 표시가 붙은 작은 전시장이 마련돼 있다. 2008년 여름에 문을 연 춘화방이다. 오 관장이 그동안 수집한 200여점 춘화와 춘화첩 중 50여점을 전시하고 있다. 조선시대 후기와 구한말, 일제시대에 그려진 것들과 중국, 일본의

어변성룡도.

춘화들을 감상할 수 있다. 양반, 기생, 하인, 하녀, 노부부의 관계, 여성 동성애 등 등장인물도, 체위도 다양하다. 그림의 배경도 안방, 사랑방, 마루, 마당 등 다채롭다. 일본 춘화들은 묘사가 훨씬 노골적이고 세밀하다. 어르신들도 젊은 남녀도 "횡재한 기분"으로 꼼꼼히 살펴보고 가는 이들이 많다고 한다. 박물관에서

　여행, 박물관 빼놓고는 상상하지 마라

아버지 오 관장을 도우며 문화재 공부를 하고 있는 오솔길(28·
동국대 문화예술대학원 석사과정)씨는 "최근 가장 인기 있는 전시
실이 춘화방"이라며 "얼굴 붉히는 여성 분들도 있지만, 생활풍
속도의 한 분야로 담담하게 감상하는 분들이 대부분"이라고 말
했다.


## 최고 작품은 구한말 어진화가
## 채용신의 '삼국지연의도'


　박물관 창고엔 각종 민화들이 가득 쌓여 있다. 오 관장이 가장
아끼는 소장품은 '삼국지연의도'다. 구한말 최고의 어진화가(임금
초상을 그리는 화가)로 꼽히던 채용신(1850~1940)의 1912년 작품
이라고 한다. 소설 줄거리를 가로 2m, 세로 1.9m의 화폭 8개에
그린 8폭짜리 대형 그림이다. 오 관장은 "관우를 모신 사당에 걸
렸던 그림으로 본다"며 "등장인물들 중 주인공들은 중국 옷차림,
일반인은 조선 옷차림을 한 점이 특이하다"고 말했다.
　민화박물관에선 상설 전시말고도 민화축제와 특별기획전을 수
시로 마련해 선보인다. 테마별 민화 특별전이나 현대 민화작가
들의 작품 전시회 등 기획전, 공모전을 해마다 2~3회 연다.
2008년에는 현대 민화 작가들의 부채특별전, 고가구 특별전을
열었다.

❶ 일월곤륜도, 고정애 作.
❷ 노안도, 조선시대.
❸ 어린이가 그린 현대민화.
❹ 바리공주도, 조선시대.
❺ 동정추월도, 조선시대.
❻ 희보작호도, 조선시대.

조선민화박물관은 영월의 남쪽, 경상도와 충청도의 경계에 있다. 김삿갓 묘가 박물관에서 지척이고, 옥동계곡을 비롯한 물 맑은 계곡이 많다. 구인사와 소백산이 있는 단양과 묶을 수 있고, 동강과 청령포가 있는 영월의 중서부와 묶어서 여행을 계획할 수 있다. 1박2일 여정이라야 알차다.



### 가이드 및 체험 프로그램

전문 해설사 상주. 1인 관람객도 신청 가능. 민화체험장이 있다. 본 그림과 물감 등의 도구를 제공하면 본 그림을 채색해 민화 완성하기, 까치 호랑이 등 여러 종류의 민화를 판화로 직접 찍어 갈 수 있는 판화 체험장, 미리 제작되어 있는 민화타일 위에 채색하는 민화타일 체험 등으로 구성됐다. 판화찍기 3000원, 부채에 민화 그리기 7000원, 민화타일 체험 1만원.

### 축제 및 연계 프로그램

매년 가을 박물관 주관으로 민화축제가 열린다. 박물관 자체 축제다. 상설전시 외에 전국민화공모전 수상작, 민화를 주제로 한 서각, 민화와 생활가구를 접목한 리빙아트 전 등 매년 주제를 바꾼 특별전시가 눈길을 끈다. 축제 현장에서 민화 그리기 대회도 열린다. 아리랑 등 민화와 관련된 공연도 볼거리.

### 연관 박물관

**가회박물관** 서울시 종로에 위치했다. 인간의 삶과 염원이 담겨있는 250여 점의 민화와 750점의 부적, 전적류 및 기타 민속자료 등 총 1500여 점의 유물 소장. 전통 한옥 전시실이 인상적. 관람객이 직접 부적을 찍고, 귀면와를 탁본할 수 있는 체험장이 있다. ☎ 02-741-0466 www.gahoemuseum.org

### 연계 투어

박물관 고을 홈페이지를 영월군에서 운영한다. 김삿갓박물관, 영월곤충박물관, 별마로천문대, 영월책박물관, 묵산미술관, 동강사진박물관 등으로 자연, 예술, 역사 등 그 종류가 다양하다. ☎ 033-37-2361 http://ywmuseum.com

## 가볼만한 여행지

**김삿갓묘** 바람가객으로 불리는 조선 후기의 시인이자 방랑가 김삿갓의 묘. 본래 이름은 병연이었지만 백일장에서 장원한 글이 조부를 욕되게 했다는 사실을 뒤늦게 알고 그 후 평생 삿갓을 쓰고 방랑인생을 살았다. 묘 곁에 김삿갓문학관도 있다. ☎ 033-374-2101

**고씨동굴** 동굴여행의 대명사로 불리던 석회동굴. 임진왜란 때 고씨 가족이 이 동굴에 피난했다고 해서 고씨동굴로 불린다. 4억년 전에 조성된 석회동굴로 4개의 호수와 3개의 폭포, 10개의 광장이 있다. 영월에서 조선민화박물관 가는 길에 있다.

**청령포** 단종의 슬픈 이야기가 전해지는 곳. 단종은 수양대군에게 왕위를 찬탈 당한 뒤 영월로 유배를 온다. 청령포는 삼면이 강으로 둘러싸여 있고, 나머지 한 면은 험준한 산세로 된 천혜의 요새. 단종은 이곳에서 유배생활을 하다 사약을 받고 죽었다.

## 교통

중앙고속도로 제천IC로 나온다. 38번 국도를 따라 영월 방면으로 오다 영월IC로 나온다. 영월읍에서 88번 군도를 따라 20km쯤 가면 조선민화박물관 입구다. 박물관 들머리 길이 매우 급경사다. 운전 주의 필요.

## 숙박

조선민화박물관 주변에 민박을 하는 집이 많다. 과수원산동네(☎ 033-378-4346 http://sandongne.com). 김삿갓펜션(☎ 033-374-1660 www.kimsatgat.net)

## 박물관 옆 맛집

영월읍 장릉 앞에 있는 장릉보리밥집(☎ 033-374-3986)은 영월에서 단연 손꼽는 맛집이다. 큼지막한 감자가 들어간 보리밥에 산나물 등을 넣고 썩썩 비벼먹는 맛이 그만이다. 동동주와 손두부도 덩달아 시키게 된다. 보리밥 6000원. 조선민화박물관으로 가는 길에 있는 고씨동굴 앞은 칡국수(사진)를 잘하는 집이 많다. 칡을 갈아서 함께 반죽해  만들어 칡 특유의 향이 느껴지는데, 면발이 정말 쫄깃쫄깃하다. 강원토속식당(☎ 033-372-9014)의 칡비빔국수는 육수를 별도로 준다. 칡국수 5500원, 칡비빔국수 6000원.

수원의 역사유물, 명필 진본, 일제강점기 자료 등 종합선물세트다. 조선 태조·성종·선조 어필 등 서예의 모든 것이 있다. 독도를 조선영토로 표기한 일본인이 그린 1785년 지도도 있다.

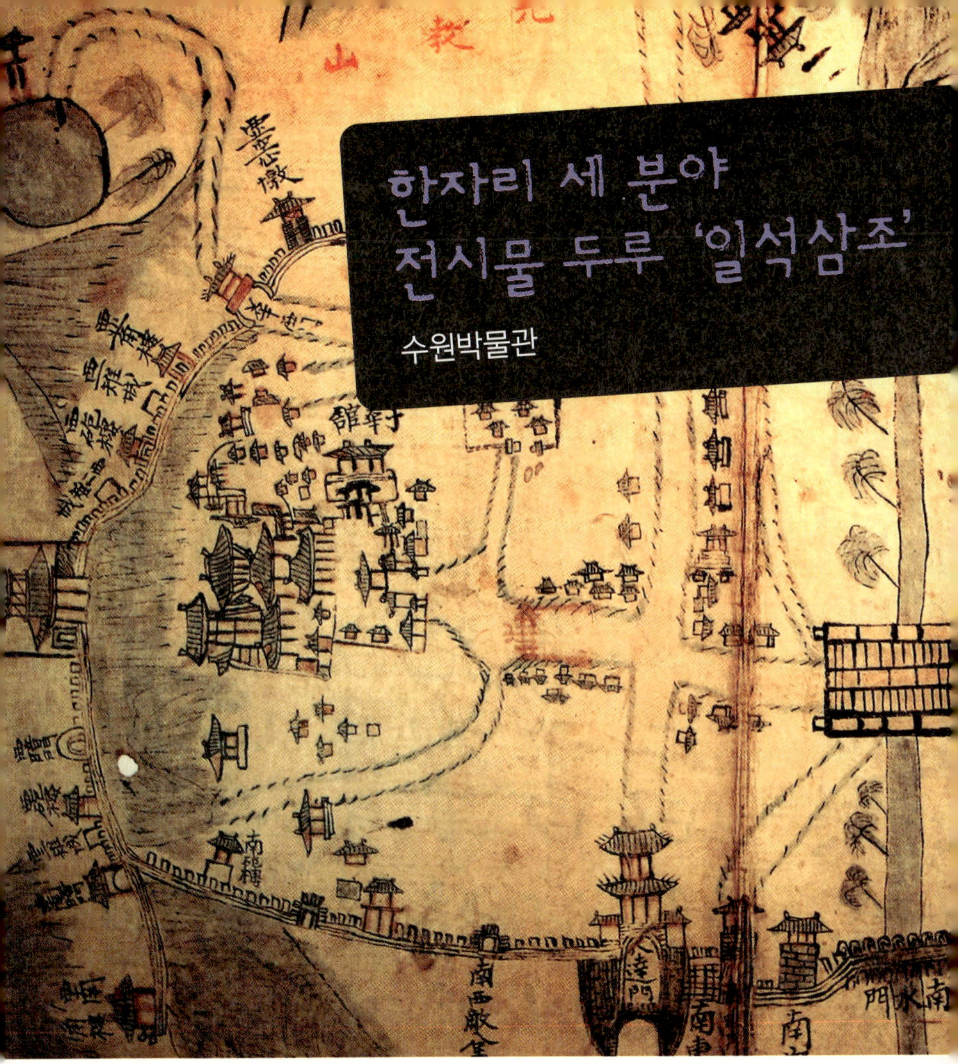

# 한자리 세 분야 전시물 두루 '일석삼조'

## 수원박물관



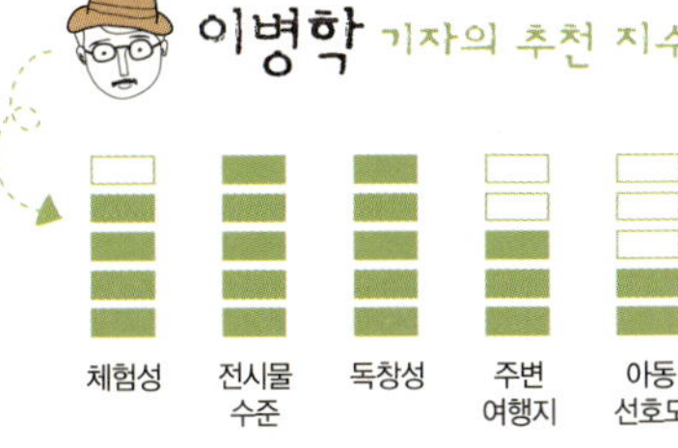

∷ 수원박물관은 한 자리에서 세 분야의 전시물들을 두루 살피며 배우고 익힐 수 있는 종합박물관이다. 세 개의 박물관으로 이뤄진 흔치 않은 구성이다. 수원의 고대~근대 역사 유물들을 모은 수원역사박물관, 역대 명필들의 글씨와 그림들을 모아 전시한 한국서예박물관, 사운 이종학 선생이 기증한 일제강점기 자료들을 전시한 사운 이종학사료관이다(수원을 대표하는 유적 화성의 문화와 기록물들을 전시한 수원화성박물관은 화성 안에 따로 있다). 2층의 세 전시관을 한 바퀴 도는 동안 수원의 역사·문화는 물론, 우리나라 역대 명필들의 진본 작품들과 이종학 선생이 평생 애써 모아 기증한 진귀한 자료 등 흥미로운 유물과 기록물들의 바다에 푹 잠겼다 빠져나오게 된다.

최루백 부인, 고려시대 묘지석에
여성으로 유일하게 명시

세 전시관엔 각각 그 분야 전문가들로 이뤄진 자원봉사자 어르신들이 상시 대기한다. 기다렸다는 듯이, 좀더 알려줘야 하는데 시간이 모자라 안타깝다는 듯이, 친절하고도 깊이있는 설명을 들려준다. 한 가족이 찾아가도, 한 명이 방문해도 따라붙어 안내해준다. 전시물에 대해 더 해박한 지식을 원하면 2층 한쪽에 자리잡은 박물관 사무실의 학예사를 찾으면 된다.

먼저 박물관 정문으로 오르면서 만나는 야외전시장의 유물들이 관심을 끈다. 한쪽에 도열한 선정비·송덕비 무리들은 오를수록 크기가 커지고 귀부와 머릿돌에 새긴 무늬도 화려해진다. 수원 곳곳에 흩어져 있던 관찰사·부사·유수들을 칭송한 비석들을 모아 세우면서 위쪽에 큰 비석들을 배치했다. 별도로 박물관 정문 들머리 귀퉁이에 세운, 조선 중기

박유명 초상화. 보물 제 1489호로 박유명이 인조반정에 참여한 공으로 정사공신 3등에 책록되었을 때의 공신상이다.

수원도호부 부사를 지낸 이시백 선정비의 머릿돌에 돋을새김한 두 마리 용 무늬가 도드라진다. 동래정씨 약사불, 정려각 등도 볼거리다.

박물관 2층에 올라 수원역사박물관 입구에 들어가면 먼저 수원의 지리적 위치 등 기본상식을 담은 영상물을 1분간 감상하게 된다. 영상이 끝나면 영상화면이 양쪽으로 갈라지며 박물관 안으로 들어서게 된다. 선사시대 유물부터 시작해 수원 효자 최루백과 부인 염경애 관련 유물, 팔달문 동종(유형문화재 69호), 창성사 진각국사 대각원조탑비(보물 14호), 인조반정에 참여한 공신 박유명 초상화(보물 1489호) 등을 차례로 만나게 된다.

고려시대 효자 최루백과 그의 아내 염경애의 이야기가 흥미롭다. 최루백은 수원 최씨의 시조인 최상저의 아들이다. 최루백은 15살 나던 해 아버지가 호랑이에 물려 죽자, 발자국을 추적해 따라가 호랑이를 때려 죽이고 배를 갈라 아버지의 뼈와 살을 골

효자 최루백의 부인 염경애 묘지석.

라내 매장하고 3년간 시묘살이를 했다고 한다. 이런 그의 효행은 〈고려사〉와 〈삼강행실도〉〈오륜행실도〉에 그 일화가 그림과 함께 남겨져 전해온다. 그는 가난하면서도 검소하게 살았는데, 그의 아내 또한 이를 잘 받들어 내조했다고 한다. 아내가 47살의 나이로 먼저 세상을 뜨자 최루백은 직접 아내의 묘지명을 지어 아내에 대한 사랑을 표시한다. 가난한 생활을 말없이 견디며 아버지 제사를 모시고 내조한 아내를 향한 애틋한 마음을 담은 글이다. 이 글을 새긴 묘지석이 박물관에 전시돼 있다. 수원박물관 한동민 학예팀장이 묘지석을 가리키며 말했다.

"고려시대의 묘지석 중에서 여성의 이름이 명시된 유일한 것입니다. 여기 경애란 이름이 보이지요. 부친을 설명한 대목을 통해 성이 염씨라는 걸 알 수 있습니다."

최루백은 아내가 죽은 뒤에도 검소하게 살며 장수했는데, 각

종 기록을 종합해 계산해 보면 100살도 넘게 장수한 것으로 추
정된다고 한다.


## 수원양념갈비 원조집 등 60년대 풍경 재현


팔달문 동종에도 우여곡절이 숨어 있다. 동종은 본디 고려시대
(1080년) 개경에서 만들어진 뒤 수원 무봉산 만의사로 왔다. 조
선 숙종 때(1687년) 이를 녹여 다시 주조해 만의사에 걸었고, 현
종 때 만의사 일대가 우암 송시열의 첫 묘지로 결정되면서 만의
사는 무봉산 반대쪽으로 이전하며 쇠락의 길을 걸었다. 1796년
화성 축성 때 이 만의사 대종은
행궁 앞 종각에 걸렸다가 일제강
점기엔 종각이 헐리며 종은 1911
년 화성의 남문인 팔달문에 걸려
정오를 알리는 용도로 쓰이게 됐
다. 팔달문 동종이란 이름은 이때
붙은 것이다. 이런 우여곡절을 거
쳐 동종은 2008년 개관한 수원박
물관으로 옮겨지게 됐다.

수원역사박물관은 수원시내의
60년대 풍경을 재현한 '60년대 수
원 만나기' 전시실로 마무리된다.

팔달문 동종. 종정부에는 용뉴(종 꼭대기 부
분의 장식.)가, 종신부에는 보살입상과 화문
으로 표현된 4개의 유곽이 표현돼 있다.

수원양념갈비의 원조인 화춘옥, 수원극장과 함께 수원의 대중문
화를 이끌었던 중앙극장, 공중목욕탕, 싸전, 어물전 등 60년대
거리 모습을 재현해 놓은 곳이다. 벽에 나붙은 포스터와 선거벽
보도 재미있다. '쥐는 살찌고 사람은 굶는다' '쥐를 잡아 없애자'
고 쓴 쥐잡기 운동 포스터, 대통령 후보 이승만, 부통령 후보 리
기붕의 선거 벽보, '시간은 생명이다 일초라도 애껴 쓰자'는 표
어 등을 볼 수 있다.


## 1785년 일본인이 그린 한·중·일 지도에 독도를 조선 영토로


박물관은 사운 이종학 사료실로 이어진다. 사운 이종학
(1927~2002) 선생은 수원 출신 서지학자이자 자료수집가다. 고서
점을 운영하며 일제강점기 자료와 유물, 독도 관련 기록들 수집
에 평생을 바친 분이다. 사료관은 선생의 유족이 수원시에 기증
한 2만여점의 자료 중 일부를 전시한 공간이다. 전시실은 엽서
(기증 유물 중 일제강점기 때의 엽서만 7000여점에 이른다) 콜렉션,
금강산 콜렉션, 일제강점기 기록물 콜렉션 등으로 나뉜다. 조선
중기 명사들의 편지를 모은 간찰첩, 윤경립이 1604년 명나라 사
신(동지사)으로 갈 때 친구들이 써준 송별시를 모은 〈조천증행록
〉, 취당 홍순인이 금강산 풍경을 그린 10폭 병풍 등이 볼거리다.
자원봉사 해설사 변재성씨는 〈조천증행록〉의 펼쳐진 페이지에

1785년 일본에서 만든 삼국접양지도(하야시 지도).

대해 "이 부분 글은 석봉 한호와 당시 명필로 쌍벽을 이뤘다는 김현성의 시"라고 설명했다.

특히 일제강점기 자료들이 발길을 잡아끈다. 일제가 식민통치를 강화하기 위해 우리나라의 전반적인 관습과 역사, 물산 등을 세밀하게 조사해 작성한 〈관습조사보고서〉와 18세기 일본인이 그린 〈삼국접양도〉가 그렇다. 〈보고서〉는 일본인들이 얼마나 치밀한 계획 아래 이 나라를 지배했는지 여실하게 보여주는 자료다. 삼국접양도는 1785년 일본인 하야시가 그린 한·중·일 삼국 지도인데, 울릉도와 독도를 조선의 영토로 명백하게 표시하고 있다.

이어지는 서예박물관엔 숱한 역대 명필들의 방대한 글씨와 그림들로 눈이 어지러울 정도다. 지자체 최초로 만들어진 상설 서예전문 박물관이다. 서예가 근당 양택동 선생이 기증한 서예작품들을 중심으로 모두 6000여점의 유물들을 소장하고 있다. 들머리 벽면에 정리된 삼국시대부터 근대에 이르는 도표를 통해 우리나라 서예의 발자취를 정리하고 들어가게 된다. 고대 암각화에서부터 각종 금석문 탁본, 고금의 명필가들의 글씨 진본, 조선 역대 임금들의 글씨 등을 감상할 수 있다. 한석봉의 글씨 탁본, 우암 송시열의 편지, 미수 허목의 문집, 소치 허련의 행서 등도 보인다.


지자체 최초로 만들어진 상설 서예전문 박물관


눈길을 끄는 것이 조선 왕들의 글씨다. 조선 태조가 태상왕 시절에 딸 숙신옹주에게 가옥 20여칸을 내린 문서의 글씨, 성종의 유려한 조맹부체 글씨, 조선 중기 최고 어필로 꼽는 선조의 글씨 등을 만난다. 영조와 정조가 어릴 때 쓴 글씨도 전시돼 있었으나, 교체 전시돼 지금은 볼 수 없는 것이 아쉽다. 박물관을 나서자 꼼꼼하게 둘러보지 못했다는 아쉬움과 함께, 모처럼 한자리에서 다양한 선인들의 삶을 만났다는 뿌듯함이 뒤섞여 밀려온다.

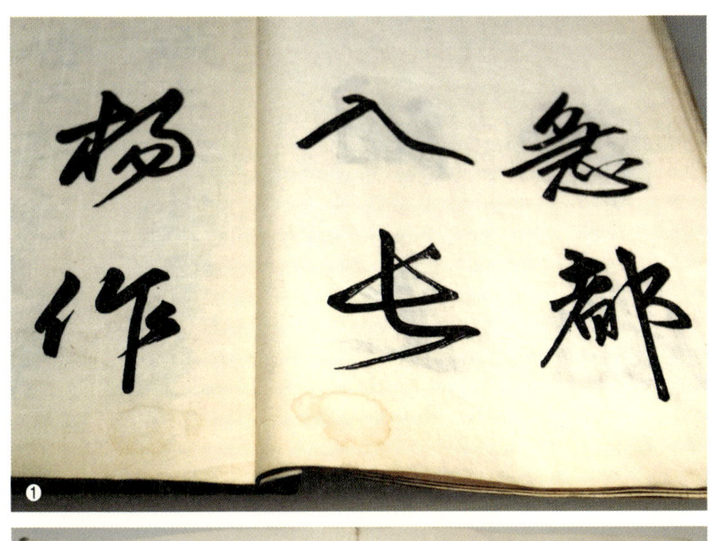

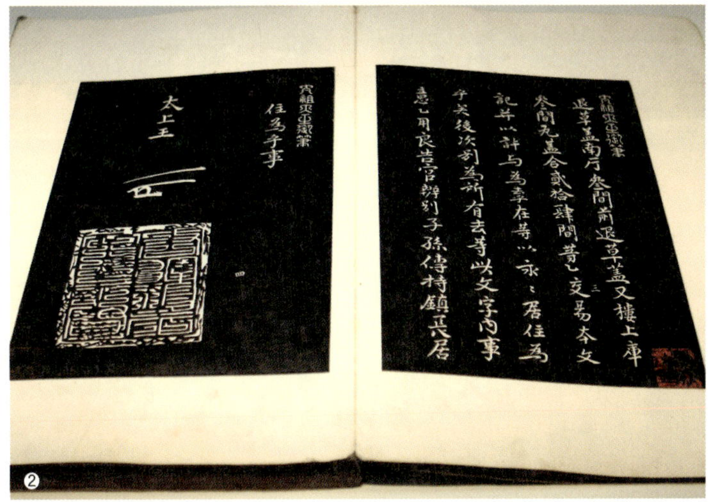

❶ 조선 성종의 유려한 필체.

❷ 조선 태조의 숙신옹주허여문기. 태조가 태상왕 때 딸 숙신옹주에게 가옥을 내려준 문서다.

華春屋
Tel.2253

인분을 준 채소를 먹으면
회충·12지장충에 걸린다
②

삼일상회
천덕 상회
수원상회
고등
칼어
치
④

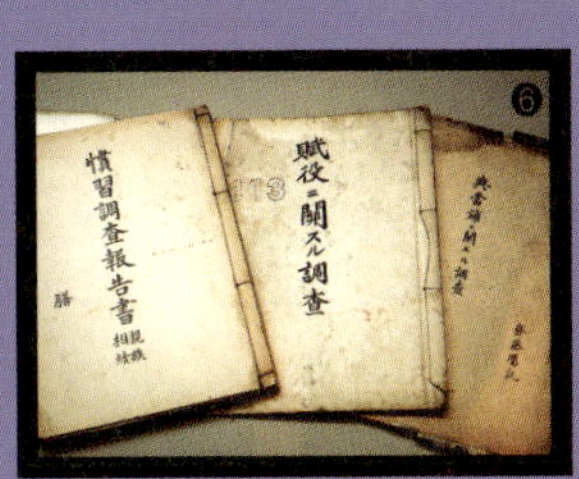

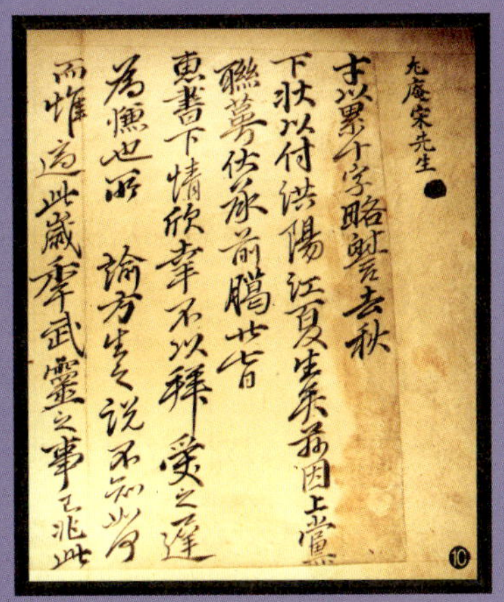

❶ 화춘옥 앞 거리 재현.

❷ 회충예방 포스터.

❸ 수원화성 전도.

❹ 수원 근대 거리풍경 재현.

❺ 백제시대 독무덤. 화서동 꽃뫼 출토.

❻ 일제가 효율적 식민통치를 위해 작성한 관습조사보고서.

❼ 사운 이종학 선생 흉상.

❽ 중향군현도. 이상범, 이도영 등 10명 합작 그림. 1933년.

❾ 수원 효자 최루백 이야기 등을 담은 오륜행실도.

❿ 우암 송시열의 편지.

# 박물관 ✚

수원의 여행지는 화성과 융건릉으로 대표된다. 오전에 수원박물관과 화성, 오후에 융건릉을 돌아보면 하루 여정이 알차다. 세 곳을 다 돌아보려면 자가운전이 편리하다. 그러나 수원박물관과 화성만 돌아본다면 지하철과 버스를 이용해도 충분하다.

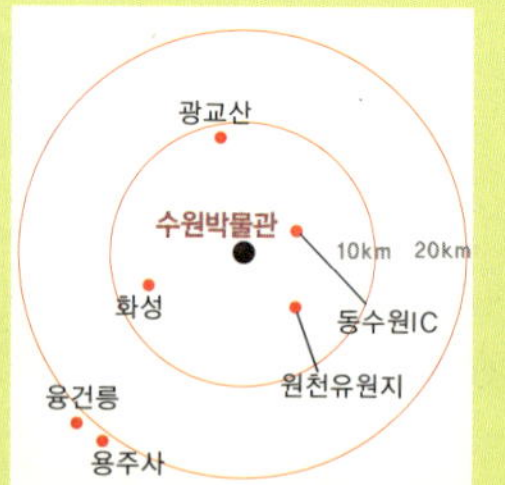



### 가이드 및 체험 프로그램

해설사가 상주한다. 현장에서 신청 가능. 어린이체험관이 있다. 소형 거중기를 이용해 커다란 돌을 들어볼 수 있는 옛날의 발명품, 바위그림 탁본, 임금이 되어 국새 찍기, 수원 화성 모형 조립하기, 붓글씨를 써보는 옛 명필 따라 하기 등으로 구성. 재료비 1000원. 30인 이상 단체는 사전 예약 필요.

### 축제 및 연계 프로그램

매년 10월 10일 수원시민의 날을 전후해 수원화성문화제가 열린다. 전통과 현재의 수원이 섞이는 축제. 궁중문화제, 한중일 음식문화축제, 팔달문 시장거리 축제 등의 영역별 축제가 어우러진다. 다양한 모습을 한 시민들이 벌이는 거리 퍼레이드가 축제의 하이라이트. 수원시청 (☎ 031-228-2114 http://tour.suwon.ne.kr)

### 연관 박물관

**수원화성박물관** 수원시 화성행궁 앞에 위치했다. 조선시대 성곽문화의 정수를 보여주는 수원 화성의 역사와 문화에 관한 전문 박물관. 거중기를 비롯한 축성에 사용된 과학 기자재가 있는 야외, 축성과정을 알려주는 화성축성실, 1795년 정조의 행차를 재현하고 있는 화성문화실로 구성. ☎ 031-228-4205 http://museum.suwon.ne.kr

### 연계 투어

수원시가 운영하는 시티투어. 해설사의 안내를 받으며 화서문, 화성행궁 등 화성의 대표적인 관광지를 둘러본다. 연무대에서 활쏘기 체험 가능. 박물관을 경유하지는 않는다. 하루 두 차례(오전 10시, 오후 2시) 운행. 매주 월요일은 휴무. 요금은 어

른 1만 1000원, 학생 8000원. 예약은 필수. ☎ 031-256-8300 www.suwoncitytour.co.kr

## 가볼만한 여행지

**융건릉** 융릉과 건릉을 합해서 부르는 이름. 융릉은 뒤주에 갇혀 죽임을 당한 사도세자와 혜경궁 홍씨를 모셨다. 건릉은 정조와 효의왕후를 모신 릉이다. 두 개의 릉은 이웃해 있어 함께 돌아 볼 수 있다. 솔숲이 운치 있다. http://hwaseong.cha.go.kr

**용주사** 정조가 아버지 사도세자의 영혼을 달래기 위해 지은 절 이다. 자식의 도리를 다 하지 못한 정조의 마음을 비로 새긴 '불설부모은중경판'을 비롯해 국보 120호인 용주사 범종 등 볼거리가 많다. 융건릉과 지척이다.

## 교통

영동고속도로 동수원 톨게이트→43번 국도 수원방면→경기대 후문→수원외고 쪽으로 진입. 서울 석촌역(115-5), 사당역(1550-3), 세종문화회관(5500-2)에서 경기대 차고지행 버스 이용 경기대 후문 하차. 지하철 수원역에서 50, 77-1번 버스 이용. 수원화성에서 융건릉은 30분 소요.

## 숙박

수원의 신시가지인 영통지구에 깨끗한 호텔과 숙박시설이 많다. 영통프라자호텔(031-202-3773), 호텔캐슬(☎ 031-211-6666), 로지아호텔(☎ 031-206-6228)

## 박물관 옆 맛집

1960년대부터 시작된 수원왕갈비 유명세가 지금도 이어지고 있다. 대부분의 한식당에서 왕갈비를 내놓는다. 화성 근처에는 화홍문 앞 연포가든(☎ 031-255-1337), 동수원은 80년대 유명했던 '화춘옥'의 명맥을 잇는 수원삼부자갈비집(☎ 031-211-8959)이 유명하다. 박물관 근처 원천유원지에 오리백숙 잘하는 황토(031-212-1999)같은 명소들이 숨어 있다.

외모 콤플렉스에 과거도 떨어진 **김구 이전의 김구**가
더 볼만하다. 그의 현상금은 60만원. 지금 돈으로 무려 198억원.
100년 전 치욕의 길 더듬어 가면, **피의 투쟁**이 고스란하다.

WARNING
境界線一緯南100M

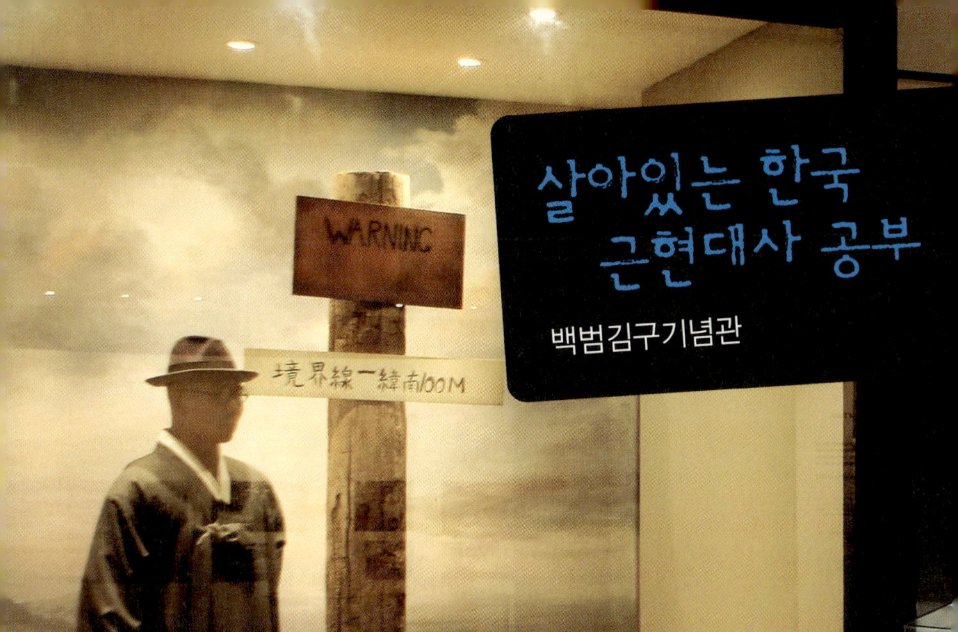

# 살아있는 한국 근현대사 공부

## 백범김구기념관

**주소** 서울 용산구 효창동 255 **홈페이지** www.kimkoomuseum.org **전화** 02-799-3400 **관람시간** 오전 10시 ~ 오후5시 (매주 월요일, 1월1일, 설날, 추석날은 휴관) **관람료** 무료 **전시물** 근현대사 사진과 기록물, 백범일지 · 유품 등 복제본 **체험행사** 독립신문 만들기, 연극놀이 등. 무료. **주의사항** 사진을 찍으려면 일주일 전에 기념관 사무실에 공문을 보낸 뒤 허가를 얻어야 함.

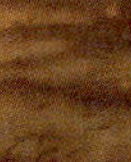

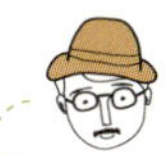

**이병학** 기자의 추천 지수

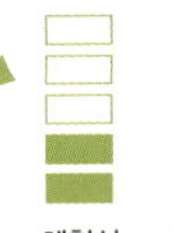

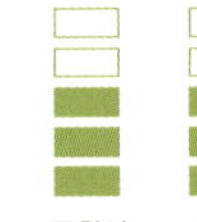

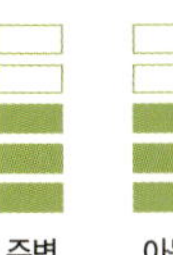

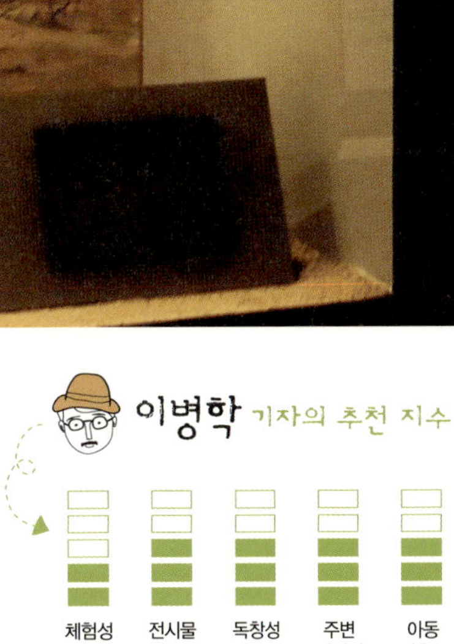

체험성
전시물 수준
독창성
주변 여행지
아동 선호도

:: 2009년은 안중근 선생이 일본 이토 히로부미를 사살한 지 100돌인 해이자, 3·1독립만세운동 90돌인 해이며, 백범 김구(1876~1949) 선생 서거 60돌인 해였다. 그리고 2010년은 우리 민족이 일본에 국권을 유린당한 지 100년이자, 일본이 안중근 선생을 사형시킨 지 100년이 되는 해다.

## 관상까지 공부한 끝에 생각 바꿔 '호심인'으로

100년 전의 치욕을 더듬으며 백범 김구 기념관을 찾아간다. 서울 용산구 효창동 효창공원에 있는 근현대사 역사박물관이다. 한 시간 정도면 2층으로 이뤄진 백범기념관 전시실을 둘러보며 외세에 의해 얼룩진 우리 근현대사를 찬찬히 짚어볼 수 있다. 1층에는 백범의 유년시절부터 일제에 저항하며 본격적인 독립운동에 뛰어드는 과정이, 2층에는 임시정부와 광복군에서의 시기별 활동 및 광복과 서거까지의 과정이 사진과 기록물 위주로 전시돼 있다. 빛바랜 사진들과 도표, 문서, 영상물들이 잠시 역사 공부에 빠지고 싶은 분위기를 만들어준다.

기념관 1층에 들어서면 먼저 중앙홀에서 대형 태극기를 배경으로 놓인 백범 좌상을 만난다. 관람객들은 흔히 선생의 좌상 앞에서 기념사진을 찍는다. 마침 방학을 맞아 기념관을 찾은 천안 쌍용고등학교 학생 20여명이 단체사진을 찍고 학예사의 안내로 전시관 탐방을 시작했다. 학생들은 "겨레의 스승 백범 선생에 대해 자세히 알고 싶다"며 진지한 표정으로 학예사의 설명을 들었다.

"백범 선생의 일생을 알면 우리나라의 근현대사의 큰 줄기를 파악할 수 있습니다. 선생의 자서전 〈백범일지〉에 삶과 사상, 근현대사의 전개과정이 고스란히 담겨 있지요."

학예사가 백범의 연보와 근대사 연표를 가리키며 설명했다.

임시정부시절부터 서거까지에 이르는 백범의 중후반기 삶은 자세히 알려진 반면, 초중반의 과정은 비교적 덜 알려져 있다. 백범은 일본의 강요에 의해 강화도불평등조약이 체결되던 해인 1876년 황해도 해주에서 평민의 외아들로 태어난다. 아명은 창암이다. 양반이 되고자 과거시험을 보기 위해 서당 공부를 시작하지만, 과거에 떨어진다.

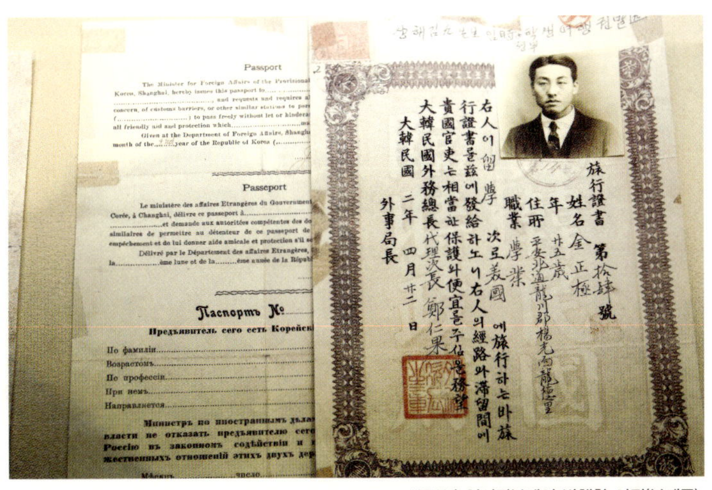

1920년 임시정부에서 발행한 여권(복제품).

부인 최준례, 큰아들 인과 함께 1922년에 찍은 기념사진.

"선생은 청소년기에 외모에 자신이 없었다고 해요. 관상까지 공부한 끝에 '(외모가 아닌) 마음이 좋은 사람(好心人)으로 살아가기로 마음먹고 평생 좌우명으로 삼았습니다."

동학에 입문한 뒤 이름을 창수로 바꾸고 1894년 동학농민군의 선봉장이 되어 해주성을 공격한다. 의병활동을 하다 1896년 안악 치하포의 한 주막에서 조선인으로 변장한 일본군 중위를 발견하자 '명성황후를 시해한 적에 대한 응징'으로 그를 처치한다. 주막 벽에 '국모의 원수를 갚을 목적으로 이 왜놈을 죽였노라'는 포고문을 붙이고 당당히 자신의 주소와 이름을 밝힌 뒤 고향으로 돌아와 체포된다.

사형 선고를 받고는 2년 뒤 탈옥해 숨어 지내다 마곡사 등에서 승려생활을 하기도 한다. 백범은 이후 교육활동에 전념하다 1907년 안창호 선생에 의해 발의된 신민회에 참여한다. 이때 안악사건·양기탁보안법사건 등으로 다시 4년8개월간 감옥에 갇힌다. 백범은 20~30대 청년기에 세차례에 걸쳐 7년간 옥살이를 한다. 호와 이름을 백범 김구로 정한 게 바로 이때 감옥에서다. 일반 백성보다 못한 천민인 백정(白丁)에서 백을 따왔고, 평범한 이를 뜻하는 범부(凡夫)에서 범을 따왔다고 한다.

## 구한말~한국전쟁 직전 흑백사진 다양

1층에서 2층을 거치며 백범과 독립운동을 위해 몸바친 숱한 선열들의 면면과 활동내역을 일목요연하게 파악할 수 있다. 확대해 전시한, 구한말에서 한국전쟁 직전에 이르는 시기의 다양한 흑백사진들은 대부분 우리 근현대사의 한 획을 그은 중요한 장면들이다. 이봉창·윤봉길 의사의 의거 내용과 기록문서·편지, 임시의정원 회의록과 임시정부 시정방침, 각종 증명서와 수료증 등도 볼거리다. 이봉창 의사가 백범에게 보낸 편지, 윤봉길 의사의 이력서 등도 있다.

무엇보다 관심을 끄는 전시물은 〈백범일지〉다. 원본〈백범일지〉(보물 1245호)는 수장고에 보관하고, 복제본을 전시하고 있다. 〈백범일지〉는 백범이 대한민국 임시정부 국무령이 된 뒤 1928년부터 쓰기 시작한 자서전이다. 상·하권으로 된 이 필사

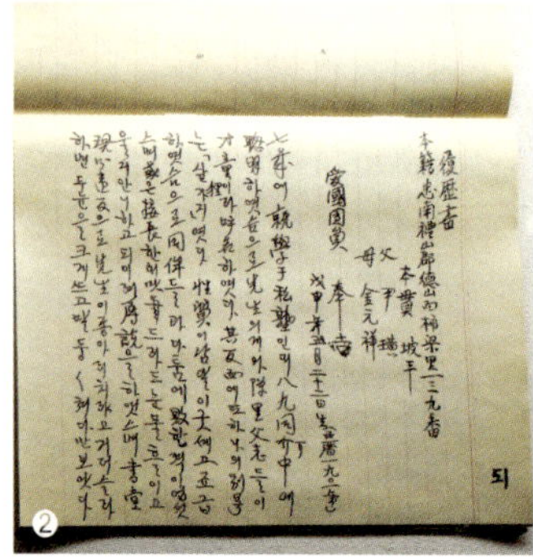

❶ 백범기념관 외부 전경.
❷ 윤봉길 의사의 이력서(복제본).
❸ 1946년 창덕궁에서 손잡은 김구 선생과
　이승만.

자서전의 상권은 인과 신, 두 어린 아들에게 남기는 유서의 형식을 빌려 집안의 내력, 자신이 살아온 과정을 기록한 것이고, 하권은 1932년 이봉창·윤봉길 의사 의거 뒤 중국에서의 피신생활과 독립운동에서부터 광복을 맞기까지의 과정을 담은 것이다. 손수 붓과 펜으로 빽빽하게 적어내려간 〈백범일지〉는 광복 뒤인 1947년 12월15일 처음 출간된 이래 최근까지 원본 중심의 단행본만 60여종이 출판됐다. 2005년 독일 프랑크푸르트 도서전에서 '한국의 책 100'에 선정되기도 했다. 1997년 보물로 지정됐다.

## 일제, 백범 체포 혈안 현상금 198억원 내걸어

재미있는 건 2층 전시실 한 구석에 걸려 있는 '윤봉길 의거 후 백범 김구의 현상금 60만원은?'이란 제목의 이야기다. 백범은 1932년 이봉창·윤봉길 두 분의 잇단 의거 뒤 그 배후로 지목되면서 1차로 20만원의 현상금이 붙었다고 한다. 그래도 체포가 어렵자 일본은 외무성·조선총독부·상하이주둔사령부 등과 합작해 현상금을 대폭 올려 60만원을 내걸었다. 당시 60만원은 요즘(2002년 현재) 가치로 환산할 때 무려 198억원에 이르는 거액이라고 한다. 80kg짜리 쌀가마로 환산해 따지면 56만2500가마나 되는 엄청난 양이 된다. 당시 일본이 백범 체포에 얼마나 혈안이 됐는지 알 수 있는 대목이다. 그러나 백범은 중국에서 미국인과 중국인들의 도움을 받아 피신한 뒤 임시정부를 옮기며 독립운동을 활발히 전개하다 광복을 맞게 된다.

또 하나 인상적인 볼거리가 2층 전시실 한쪽에 마련된 '추모 공간'이다. 사무사·민족정기 등 백범의 글씨가 내걸린 벽면을 따라 들어가다 환한 창가에 서면 백범의 묘소가 내다보인다. 의자도 마련돼 있어, 평생을 민족 독립을 위해 살았던 백범의 삶을 되새기며 잠시 쉴 수 있는 곳이다. 전시관 탐방의 마무리는 백범 유품과 마지막 입었던 피 묻은 윗옷, 백범 관련 서적들로 장식된다. 아쉽게도 모두 복제품들이다. 백범이 쓰던 회중시계·도장·신발과 안두희에게 피살될 당시 입었던 옷 등을 똑같이 만들어 전시해 놨다. 원본은 수장고에 있다. 사실 이것들뿐 아니라, 백범 동상, 백범의 모친 곽낙원 여사 동상, 기록물들 등 전시물의 거의 대부분이 복제품이다. 그래서 근현대사 박물관이라기보다

2층 전시실 전경.

　여행, 박물관 빼놓고는 상상하지 마라

는 이름 그대로 기념관이 맞다.

전시관 안내소에서 〈백범일지〉를 처음 펴낼 때 백범이 뒤에 덧붙였던 '나의 소원' 소책자를 얻을 수 있다. 우파 민족주의자이자 자유민주주의자로서 백범의 정치철학과 사상을 밝힌 글이다. 정치이념을 드러낸 내용 중에 다음과 같은 구절이 있다(물론 당시 좌우 대립의 정치상황을 빗댄 표현이다).

"나는 우리나라가 독재의 나라가 되기를 원치 아니한다. 독재의 나라에서는 정권에 참여하는 계급 하나를 제외하고는, 다른 국민은 노예가 되고 마는 것이다."

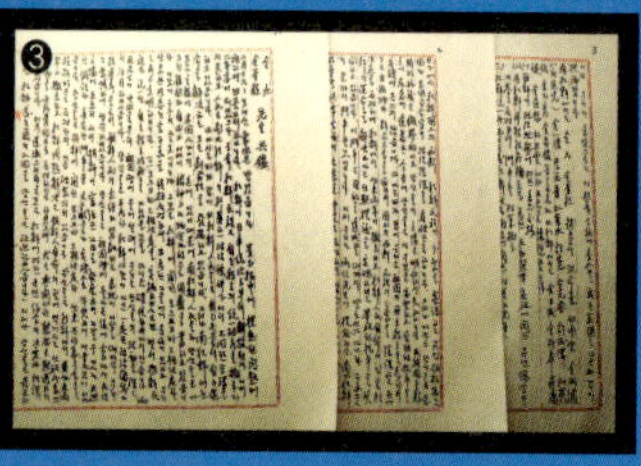

❶ 백범일지 복제본. 빽빽하게 붓과 펜으로 써내려간 원본을 똑같이 복제했다.

❷ 백범이 1947년에 쓴 독립만세 친필. 백범 기념관에 전시된 휘호 중 유일한 진본이다.

❸ 1948년 북한의 김일성·김두봉이 남한의 김구·김규식에게 보내온 편지.

❹ 김구가 독립을 위해 헌신을 당부하며 안창호의 부인 이혜련에게 보낸 태극기. 1941년.

❺ 황해도 동학농민군이 공격했던 해주성 남문 순명문.

❻ 백범이 감옥을 탈출한 뒤 승려로 출가해 머물던 마곡사 신검당.

❼ 시계 도장 신발 등 김구 유품(복제품).

❽ 1919년 임시의정원 의원들과 백범(둘쨋줄 오른쪽 끝. 앞줄 가운데 안창호 선생이 보인다).

❾ 2층 전시실 전경.

# 박물관 +

백범김구기념관은 서울 효창공원 안에 있다. 백범김구기념관과 함께 효창원 애국선열묘역도 돌아본다. 박물관을 더 돌아볼 작정이면 삼각지 용산전쟁기념관을 찾아가는 것도 괜찮다. 공덕역에서 지하철 5호선을 타고 2정거장만 가면 여의도다. 한강공원을 거닐거나 63시티를 찾아갈 수 있다.

## 가이드 및 체험 프로그램

음성안내기가 준비돼 있다. 방문 3일 전까지는 사용 신청을 해야 한다. 단체를 대상으로 전시해설 프로그램을 운영한다. 가족 관람객은 토 · 일요일 오후 1차례 진행. 사전예약 필요. 단체 체험프로그램도 다양하다. 영상물 시청, 전시해설, 활동지 작성, 독립신문 만들기, 연극놀이 등. 사전 문의 필수.

## 축제 및 연계 프로그램

기념관의 가장 특별한 날, 6월 26일은 백범 김구 선생 서거일. 기념관에서는 추모식과 함께 특별전시와 행사가 열린다. 추모일의 경건한 분위기가 역사적인 현장감을 더해준다. 2010년에는 판소리 추모공연이 열렸다. 어린이들을 위한 어린이날 특별프로그램도 있다. 연극놀이, 영화상영, 김구 선생님께 편지쓰기 등이 진행 된다.

## 연관 박물관

**안중근의사기념관** 서울 중구 남산에 위치했다. 하얼빈 의거, 재판 과정, 유물 등을 다룬 전시실과 야외광장으로 구성. 전시관은 2010년 10월 26일에 재개관. ☎ 02-771-4195 www.patriot.or.kr

**매헌윤봉길기념관** 서울 서초구 시민의 숲에 있다. 1층 개인 유적과 2층의 독립운동사 관련 자료 전시. ☎ 02-578-3388 www.yunbonggil.or.kr

## 연계 투어

기념관 옆 효창원 애국선열묘역은 필수 코스. 백범 김구 선생, 안중근 의사, 이봉창 의사, 윤봉길 의사, 백정기 의사, 이동녕 선생, 차리석 선생, 조성환 선생 등의 허묘가 모셔져 있다. 효창공원과 효창운동장이 만들어진 과정을 둘러보는 일이, 곧 우리들의 근현대사 공부가 된다. 토요일 일요일 가족나들이 진행. 사전 예약 필수.

## 가볼만한 여행지

**전쟁기념관** 한국전쟁을 비롯한 전쟁과 관련된 역사적 기록과 자료

를 전시한 곳. 전시실은 호국추모실 · 전쟁역사실 · 6.25전쟁
실 · 해외파병실 · 국군발전실 · 방산장비실 · 대형장비실 등
7개의 실내 전시실이 있다. 옥외에는 전투기와 탱크 등 대
형 전시물이 전시됐다. www.warmemo.or.kr

**여의도 한강공원**  탁 트인 한강을 조망하며 쉴 수 있는 공
원. 잔디광장과 수영장, 수상택시 선착장, 산책로 등이 조성
됐다. 봄에는 윤중로 벚꽃, 여름은 수영장 물놀이, 가을은 불
꽃축제 등 계절별로 행사가 있다. 63시티는 서울을 조망하
는 타워형 테마파크다.

## 교통

백범김구기념관은 지하철을 이용하는 게 편리하다. 6호선 효창공원앞역 1번 출구로 나와 도보로
10분 거리다. 백범기념관과 함께 효창운동장, 효창공원도 함께 돌아볼 수 있다.

## 박물관 옆 맛집

먹거리는 효창공원보다 삼각지로 나오는 게 낫다. 삼각지 대
구탕 골목은 전국적으로 유명한 곳. 삼각지에 터를 잡은 국방
부와 역사를 함께하는 오래된 식당들이 시원하면서 푸짐한
대구탕(사진)을 내놓는다. 원대구탕(☎ 02-717-8222), 참대
구탕(☎ 02-798-7380), 자원대구탕(☎ 02-793-5900) 등
어느 집에 들어가도 만족스럽다. 대구탕 국물로 만드는 볶음
밥은 필수 메뉴. 차돌박이와 곱창이 맛있는 평양집(☎ 02-793-6866)도 식도락가 사이에는 소문
난 집이다.

예덕상무사는 지금까지도 그 전통의 맥을 잇고 있는 유일한 곳. 덕산 출신의 **윤봉길** 의사도 보부상 발을 통해 **독립운동** 정보를 모았다. 중앙엔 북적이던 옛 장터 모습이 재현돼 있다. 인물 하나하나가 정겹다.

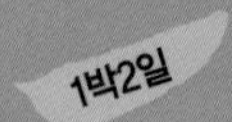

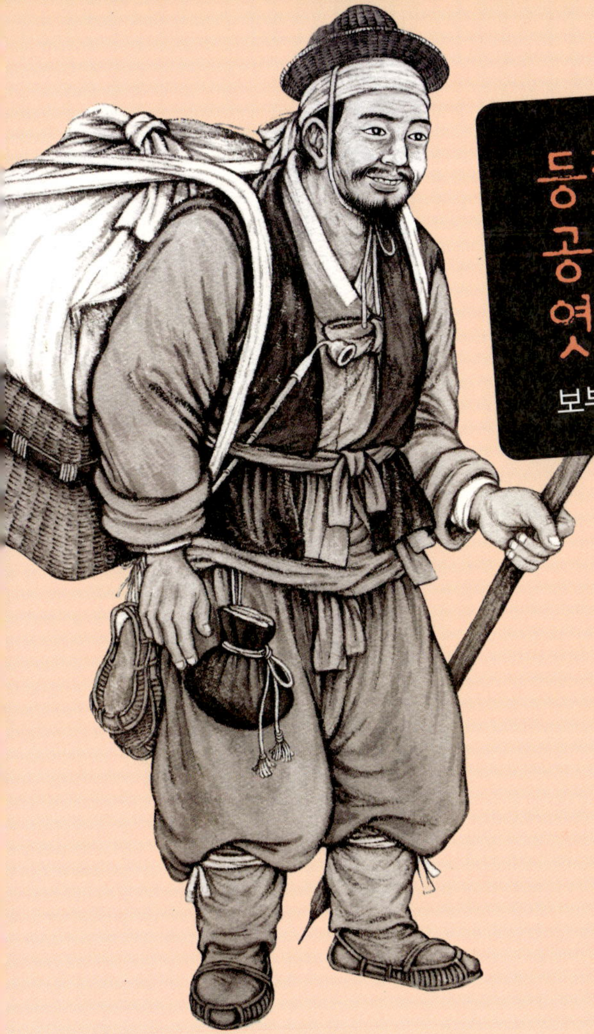

# 등짐 · 봇짐장수 공동체적 삶을 엿보다

## 보부상유품전시관

주소 충남 예산군 덕산면 시량리 119 홈페이지 www.chunghyo.net:8080/choong(충의사) 전화 041-339-8232 관람시간 오전 9시~오후 6시(동계는 오후 5시까지 개장. 연중 무휴) 관람료 어른 1000원, 청소년 500원, 어린이 300원 전시물 예덕상무사의 19세기말~20세기 중반까지의 시장 관리기록과 보부상 물품, 역대 접장 명부 등 체험행사 별도로 없음

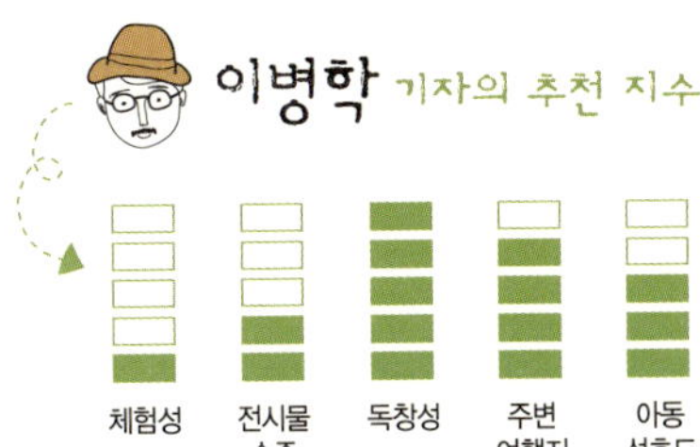

:: 예산에 충의사가 있다. 예산군 덕산면 시량리는 일제강점기 일본왕 생일 축하 행사에 도시락 폭탄을 던진 윤봉길 의사의 고향. 윤 의사를 모신 사당이 충의사다. 이곳에 윤봉길 의사 기념관이 있다. 또 예산엔 예덕상무사가 있다. 조선시대 예산 덕산 지역 봇짐·등짐 상인들의 조직이다. 전국에서 상무사의 전통이 전해 내려오는 고장은 예산이 유일하다. 충의사 경내 윤봉길 의사 기념관 옆에 보부상 유품 전시관이 있다. 나란히 건립된 두 박물관(전시관)을 함께 둘러보며 우리 선인들의 삶과 정신 한 자락을 더듬어 본다.


## 이성계 조선 건국 무렵
## 보부상 두령 도움 계기로 시작


보부상 유품 전시관은 독립 단층건물의 소규모 전시관이다. 30분이면 전시물을 다 살펴볼 수 있을 만큼 작은 규모지만, 전시된 내용물은 다른 곳에선 찾아보기 어려운 귀한 것들이다. 조선시대 물품 유통, 상거래의 핵이었던 등짐·봇짐장수들의 공동체적 삶의 모습과 그 생생한 기록물을 볼 수 있는 유일한 전시관이다.

옛 시장 형성 과정을 보자. 상인들이 물건을 팔려면 인구가 많은 지역을 찾아가야 한다. 자신들이 만든 물건도 있고, 주민들에게서 수집한 물건도 있다. 이들이 이고 지고 온 상품을 펼쳐놓으면 소비자들이 모여들어 장이 형성된다. 모여드는 부상·보상들

❶ 보부상유품전시관 내부 전경.
❷ 옛 시장 풍경 사진.

옛시장 사진.

이 늘고, 물건을 사려는 이들도 불어나면서, 주막, 엿장수, 놀이패 등 시장 언저리에 빌붙어 한몫 버는 다양한 장사꾼들도 늘어나는데, 이들이 한데 어우러지며 대규모 시장이 형성된다. 이렇게 형성되는 시장의 기본은 당연히 보상과 부상, 그리고 소비자였다. 등짐장수(부상)는 비교적 양은 많고 값은 덜 나가는 물건을 등에 지거나 지게로 져 운반해와 거래하는 이들을 가리킨다. 봇짐장수(보상)는 주로 부피가 작으면서도 비교적 값이 나가는 물건들을 보자기에 싸서 머리에 이거나 어깨에 메고 돌아다니며 팔고 사는 이들을 말한다. 이런 부보상(보부상)들은 수가 늘어나고, 다루는 물품이 다양해지면서 지역별로 자체 조직을 갖고 활동하게 되는데, 먹고 사는 문제이자 돈을 다루는 경제행위로 이뤄진 모임이니만큼, 그 조직이 매우 견고했다고 한다. 엄격한 규율과 위계질서 아래 일하고 서로 도우며 상거래를 해왔다.

보부상 조직의 유래는 확실하지는 않으나 고려말로 거슬러 올라간다. 조선 태조 이성계가 건국할 무렵 백달원이라는 보부상 두령이 도움을 준 것이 계기가 되어 그 대가로 보부상을 관리하는 임방을 두는 등 국가 보호 아래 보부상이 육성되고 본격적인 조직을 형성하며 발전하게 됐다고 한다. 이성계가 불한당에게 구타를 당할 위기에 몰렸는데, 보부상 두령 백달원이 나서서 구해줬다는 이야기가 전한다. 상거래가 활발해지며 보부상이 크게 번성한 조선 말엔 보부청을 설치(1866년)해 관리했다.


## 행동강령과 '4계명'이라는 엄격한 자체 규율


전국 팔도를 떠돌며 우리 농촌사회 유통경제의 핵심 구실을 해온 이들이 부보상(또는 보부상)들이었다. 가난한 상인도 있었고 큰 부를 거머쥔 상인도 있었다. 대부분의 보부상들은 비록 가난하고 핍박받으며 어렵게 살아도 일종의 공동체를 형성해 서로 의지하고 동료애를 발휘하며 일을 했다. 예산군 덕산면 지역에서 활동해온 보부상들의 조직인 예덕상무사는 지금까지도 그 전통의 맥을 잇고 있는 유일한 곳이다. 예덕상무사는 1851년 초대 접장(보부상들의 우두머리) 김상열 시대부터 기록해온 상거래 조직과 규율 등의 자료와 물품을 고스란히 간직하고 있다.

상무사 조직은 자체 행동강령과 '4계명'이라는 엄격한 자체 규율을 지니고 있었다. 네 가지의 규율은 이런 것이다. 첫째, 망언하지 말 것. 둘째, 행패 부리지 말 것. 셋째, 도둑질하지 말 것. 넷째, 간음하지 말 것. 이를 어기면 철저히 매로 다스렸다고 한다. 반면, 불우한 처지에 놓이거나, 병이 들거나, 부모상을 당한 동료에겐 십시일반으로 돕고 봉사하면서 굳은 동료애를 과시했다고 한다. 이런 상무사 정신을 드러내는 것으로 다음과 같은 사자성어들이 전해 온다. 병든 자는 치료해 주고, 죽은 자는 장사 지낸다(병구사장). 어려움에 처하면 십시일반으로 서로 돕는다(환난상구). 아침저녁으로 동서로 뛰며 부지런히 일한다(조동모서). 이들은 해마다 3월 말일이면 한데 모여 서로 오랜만의 재회의 기쁨을 맛보며, 선인들에 예를 갖추고, 정보를 교환하고 먹고 마시며 즐기는 화합잔치를 열었다. 전시관에서 만난 예덕상무사원 신중균(75) 어르신이 말했다.

"3월이면 날씨두 풀리구 31일은 장이 읍는 날 아뉴? 그래설랑 그날 모임을 하는거어. 위패에 제사 지내구 영감두 바꾸는 날이유. 모이는 상무사원들이 들쑥날쑥하긴 해두 여백께 읍슈우, 대를 이어 상무사를 유지하는 디가아."

영감이란 상무사의 우두머리인 접장(장무원장)을 말한다. 상무사의 업무를 총괄하고 기록하고 관리하는 이를 접장 또는 두령 영감이라고 부른다. 임기가 1년(요즘엔 2년에 한번 선출)으로 연로하고 능력있는 조직원들 중에서 돌아가며 선출한다. 상무사 조직은 1년에 한 번씩 모여 공문제(총회이자 의결기구)를 열어 접장 선출이나 다른 안건을 다뤘다. 이 자리에선 역대 영감 등의 위패에 제사를 올리는 한편, 뒤풀이로 여흥을 즐기며 한바탕 잔치를 벌여 화합과 단결을 과시했다고 한다. 무당의 재수굿판도 벌어졌는데, 국태민안과 보부상들의 운수대통을 기원하는 제를 올리고 굿판을 벌였다고 한다. 현재 예덕상무사의 두령은 보부상 유품 전시관 관장이자 윤봉길 의사가 시작한 월진회의 회장 윤규상(86) 어르신이 맡고 있다.


## 바로 옆 윤봉길 의사 기념관은 덤이 아니라 필수


1910년 한일강제병합 이후 일본은 조선을 무력통치하면서 전국 보부상들의 활동을 눈여겨 보면서, 이들이 지니거나 보관하고 있던 문서들을 찾아내고 거두어 소각했다고 한다. 전국 곳곳을 돌아다니며 장사하는 부보상들은 각 지역에 관한 온갖 정보들을 지닌 소식통들이었기 때문이다. 보부상들은 자연스럽게 각 지역에서 활동하는 항일세력들의 정보를 모으고 전하는 일을 해왔다. 덕산 출신인 윤봉길 의사도 장터와 주막을 오가는 보부상들을 통해 전국 곳곳의 독립운동 관련 소식을 접하고 책자와 신문 등 최신 정보와 자료들을 쉽게 수집할 수 있었다고 한다. 보부상유품전시관에선 예덕상무사와 관련한 다음과 같은 흥미로운 기록과 유품들을 만날 수 있다.

전시된 예덕상무사 서류는 선생안, 완문, 절목으로 나뉜다. 선생안이란 상무사의 우두머리가 1년 동안 시장을 관리하며 다루고 일어났던 모든 일들을 빠짐없이 기록한 책자를 말한다. 이곳엔 1888년부터 최근인 1990년까지 예덕상무사 접장의 기록 58권이 전시돼 있다. 완문은 의정부 등 나라로부터의 협조 명령을 담은 책자로 일종의 공문이다. 상무사는 조직이 커지고 번성했

❶ 윤봉길 의사가 모친에게 쓴 편지.
❷ 충의사 전경.
❸ 윤봉길 의사가 의거 직전 백범 김구 선생에게서
 받은 회중시계.

던 조선 중기 이후 정부와 밀접한 관계를 이루며, 정부의 보호 아래 충실하게 협조명령을 이행했다고 한다. 나라가 어려워질 때 지역의 물품을 운반하거나, 지역 정찰 등이 그 임무였다고 한다. 절목은 정부로부터 내려진 공문대로 업무를 충실히 이행하기 위한 준비과정과 행동을 기록한 책자다. 10권의 절목이 전시관에 보관돼 있다.

예덕상무사의 접장이나 사속의 임명과 발령 등에 사용했던 관인·인장들과 인장궤, 청사초롱, 보자기 등 보부상들이 썼던 물품, 그리고 역대 예덕상무사 접장 명단, 마지막 보부상 유진룡 이야기 등도 눈여겨볼 만하다. 전시관 중앙엔 북적이던 옛 장터 모습이 재현돼 있다. 전시관 관람 전에 전시관 밖 공원 한쪽에 마련된 보부상에 관한 설명과 그림들을 미리 둘러보면 관람에 도움이 된다. 정밀하게 묘사된 옛 장터 그림들에 등장하는 인물 하나하나가 정겹고 흥미롭다. 보부상유품전시관을 둘러보기 전후로 바로 옆에 있는 윤봉길 의사 기념관에 꼭 들러보길 권한다. 윤 의사의 일대기와 함께 의사의 유품들, 책자와 편지, 각종 기록물들이 전시돼 있다. 윤봉길 의사 사진들, 한시·편지 등 친필 기록, 등잔·벼루 등 유품, 회중시계·지갑·화폐 등 거사 당시 지녔던 소지품 등이 모두 보물로 지정돼 있다. 들머리에서부터 벽면을 따라 전시된 조선말과 일제강점기 평민들의 일상을 담은 사진들과 독립을 위해 일제에 저항하다 순국한 선인들의 사진들이 가슴을 거세게 두드린다.

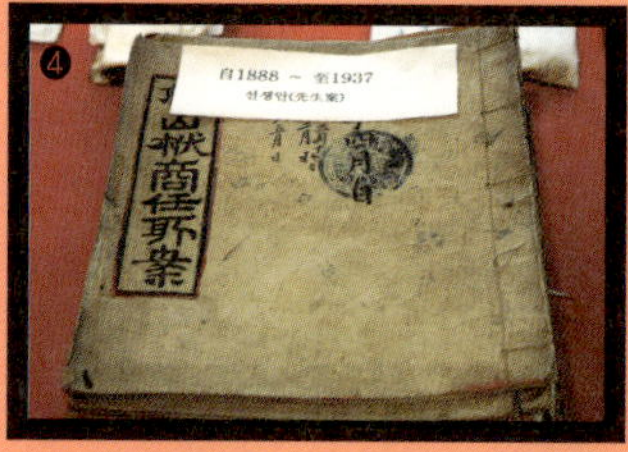

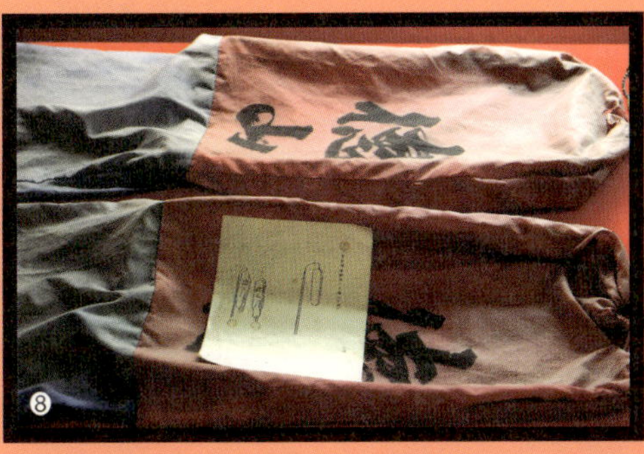

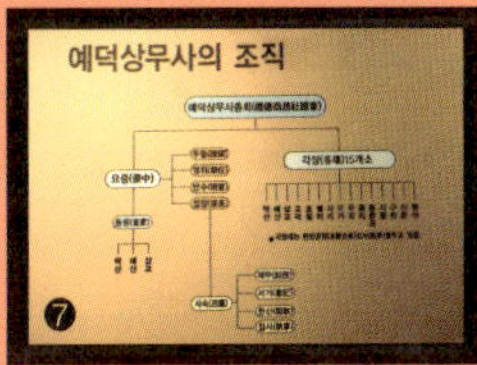


❶ 보부상들이 쓰던 유품.
❷ 윤봉길 의사가 의거 당시 지녔던 지갑과 중국돈.
❸ 접장이 1년 동안의 운영상황을 기록한 선생(1885).
❹ 여러 선생안 책자.
❺ 3월31일 열리는 공문제 재수굿 예행연습.
❻ 예덕상무사에서 쓰던 여러 인감들.
❼ 예덕상무사의 조직도.
❽ 예덕상무사에서 사용했던 청사초롱.
❾ 보부상들의 호객용 놀이기구인 죽방울.

박물관 +

# 박물관 +

예산은 수도권에서 당일치기도 가능한 여행지. 고건축박물관과 예당저수지, 추사고택, 수덕사 등 주변에 연계 관광지가 많다. 또 물 좋기로 소문난 덕산온천과 온천수를 이용한 워터파크 천천향이 있어 건강과 휴식을 동시에 챙기는 여행지가 된다. 이곳을 두루 보려면 1박2일 일정이 알차다.

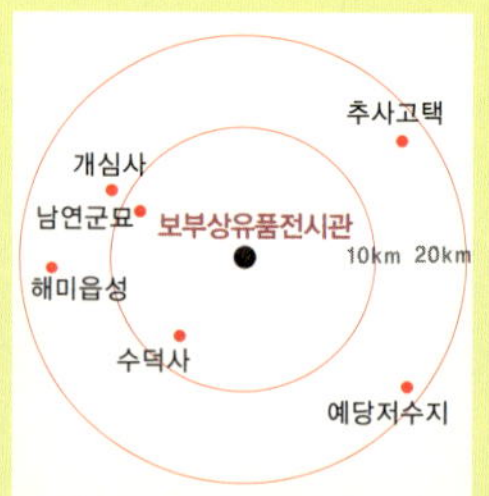



### 가이드 및 체험 프로그램

전시관 자체의 체험 프로그램은 없다. 전시관이 위치한 충의사 체험과 안내 서비스가 있다. 충의사는 매헌 윤봉길 의사를 기리는 사당. 영정을 모신 본적지역, 윤봉길의사기념관과 보부상유품전시관이 있는 기념관 지역, 4세부터 망명전까지 살았던 성장가지역, 태어난 생가지역 등으로 구성. ☎ 041-339-8232

### 축제 및 연계 프로그램

매년 4월 27일부터 29일까지 예산군 충의사 일원에서 윤봉길의사를 기리는 매헌윤봉길문화축제가 열린다. 상두놀이와 보부상 가장행렬, 보부상 난전놀이, 연날리기대회, 잠뱅이 씨름대회, 사생대회, 줄타기 같은 전통 민속공연 등으로 구성. 예산군 면 대항 체육대회도 함께 열리는 군민 축제. 월진회(☎ 041-338-9981)

### 연관 박물관

**한국상업사박물관** 경기도 용인시에 위치했다. 물물교환을 하던 고대 상업부터 현대 유통산업에 이르는 한국상업사를 다루는 박물관. 신라의 장시 모형과 교역경로, 고려의 국제무역항인 벽란도를 설명해주는 매직비전과 디오라마, 조선후기 5일장, 보부상 인형 등이 볼거리. ☎ 031-339-1234(교환240) http://about.shinsegae.com/museum

### 연계 투어

예산군에서 운영하는 시티버스투어가 있다. 매주 토요일(4월-11월) 1회 운행. 예산버스터미널을 출발해 충의사(윤봉길의사기념관), 수덕사, 추사고택, 덕산온천지구 등을 경유. 격주로 코스가 달라진다. 요금은 무료(입장료 별도, 여행자 보험료 1000원)  예산군청 문화관광과(☎ 041-339-7312 www.yesan.go.kr/culture)

### 가볼만한 여행지

**추사고택** 조선후기의 명필 추사 김정희가 태어난 곳. 정갈한 풍모의 ㅁ자 모양 기와집과 추사의

일대기를 알 수 있는 기념관, 추사의 묘가 있다. 추사의 고조부 김흥경 묘소 앞에 있는 백송(천연기념물 106호)은 추사가 중국에서 가져와 심은 것으로 등걸이 새하얗다. ☎ 041-339-8242

**수덕사** 조계종 4대 총림의 하나로 불리는 곳. 부석사 무량수전과 더불어 현존하는 최고의 목조건물로 불리는 수덕사 대웅전(국보 제 49호)의 단아한 아름다움이 볼만하다. 수덕사~정혜사로 이어지는 산길을 밟아보는 재미도 있다. www.sudeoksa.com

**리솜스파캐슬 덕산** 덕산온천지구에 있는 리조트다. 이 곳은 객실과 함께 온천수를 이용한 워터파크 천천향을 운영해 인기가 높다. 천천향은 실내와 실외로 구분되어 있으며 파도풀을 비롯한 다양한 테마 온천탕을 운영한다. www.resom.co.kr/spa

### 교통

서해안고속도로 해미IC로 나온다. 45번 국도 예산 방면으로 15분쯤 가면 덕산면 소재지. 보부상유품전시관은 덕산면 소재지 입구에 있다.

### 숙박

덕산온천지구 내에 온천욕을 겸할 수 있는 모텔이 많다. 타워텔(☎ 041-338-1155), 퍼스트모텔(☎ 041-338-1077), VIP모텔(☎ 041-337-6748)

### 박물관 옆 맛집

수덕사 입구는 산채백반을 잘 하는 집이 많다. 산나물과 제철에 맞는 신선한 채소류, 된장찌개, 굴비, 도토리묵, 메밀전, 버섯구이 등 20여 가지 반찬이 나온다. 여기에 북어처럼 찢어서 고추장에 재운 더덕구이까지 얹어줘야 제대로 먹은 것이다. 중앙식당(☎ 041-337-6677)의 산채더덕정식은 1인분 1만2000원. 덕산 스파캐슬 앞 장수갈비(☎ 041-338-3297)는 갈치와 고등어조림(9000원·사진)을 잘한다. 생물을 이용해 무가 푹 무르도록 지져낸다. 또순네식당(☎ 041-337-4314)은 밴댕이찌개(5000원)로 유명하다.

능선 따라 흩어져 있는 고분은 감동적이기까지 한 공동 묘지다. 일제는 한반도 땅밑까지 침탈했다. 고령 고분에서 훔쳐간 도굴유물이 트럭 3대분. 철의 왕국으로서의 흔적도 고스란하고 순금왕관도 그때를 말한다.

# 눈부신 '신비의 왕국'

## 대가야박물관

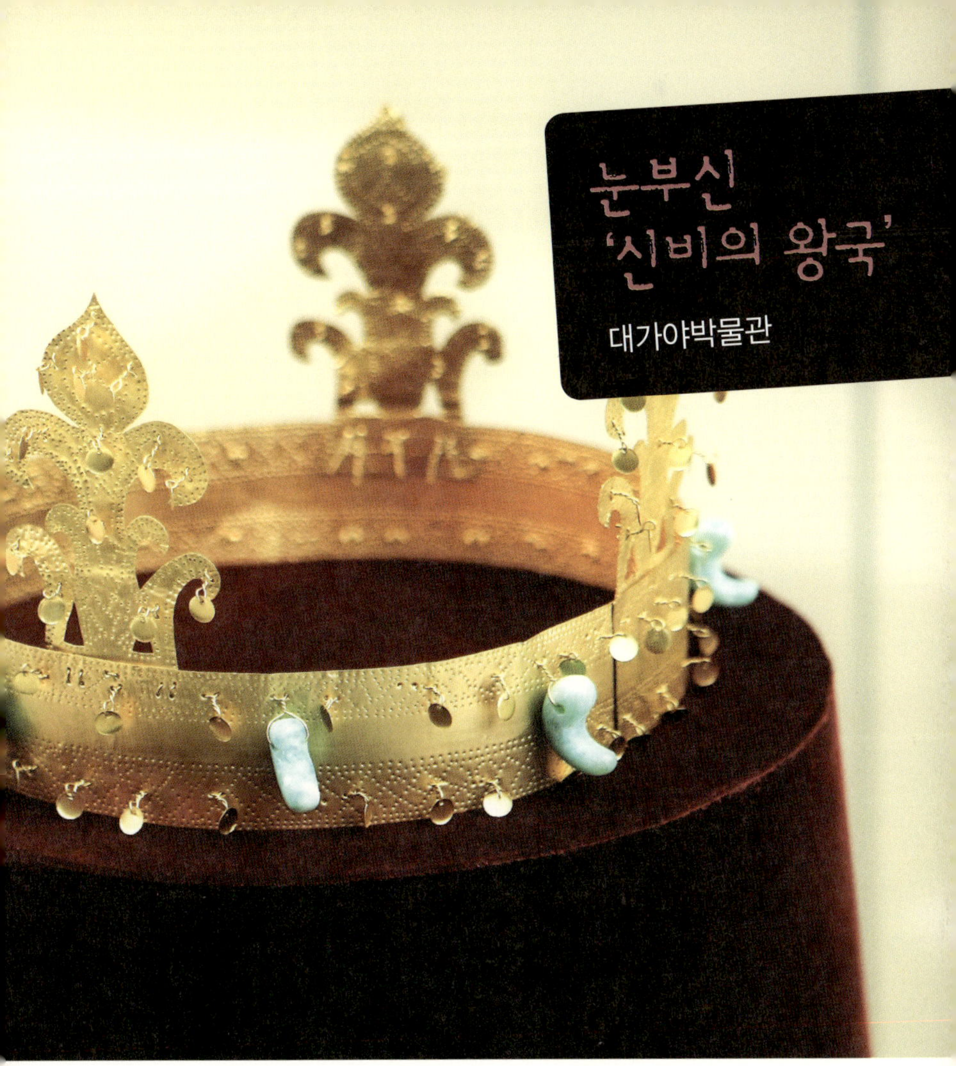

주소 경북 고령군 고령읍 지산리 460번지 홈페이지 www.daegaya.net 전화 054-950-6071 관람시간 오전 9시~오후 5시(매주 월요일은 휴관) 관람료 일반인 2000원, 학생 · 군인 1500원 전시물 토기 · 철기 · 금관 · 장신구 등 지산동 고분 출토 대가야 유물, 고령 지역 선사~조선시대 유물 체험행사 대가야토기 · 왕관 맞추기, 암각화 그리기, 이야기책 만들기 등. 재료비 1000원 내외.

이병학 기자의 추천 지수
체험성
전시물 수준
독창성
주변 여행지
아동 선호도

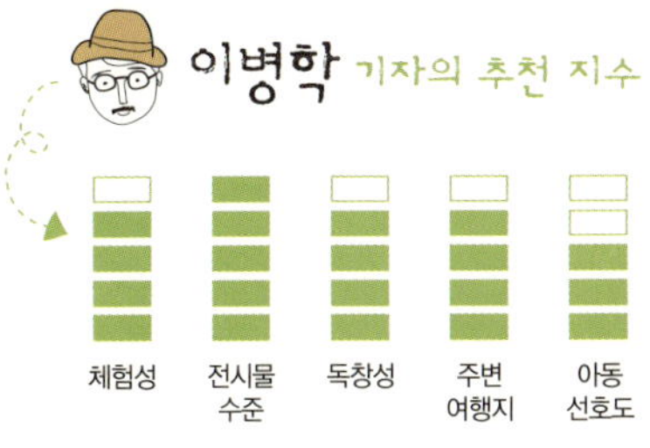

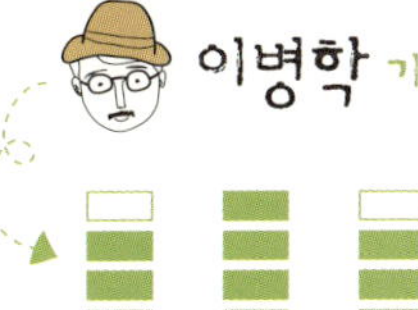

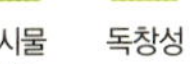

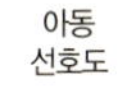

:: 가야(加耶·伽耶)로 간다. 기원 전후부터 서기 562
년까지 주로 낙동강 하류 일대에서 번성했던 소규모 국가들을
총칭해 부르는 이름이 가야다. 구체적인 기록이 전하지 않아 '신
비의 왕국'으로 불리는 연맹체 국가다. 각 기록엔 가라(加羅)·가
락(駕洛)·구야(狗邪)·임나(任那) 등으로도 전해온다. 마한·진
한·변한 삼한시대에 변한의 12국에서 발전한 6가야 또는 7가야
를 말한다. 고령 지역의 대가야, 김해의 금관가야, 함안의 아라
가야, 함창의 고령가야, 성주의 성산가야, 고성의 소가야, 창녕의
비화가야가 그 나라들이다. 〈삼국지위지 동이전〉과 〈삼국사기〉
〈삼국유사〉〈일본서기〉 등에 일부 기록이 전해온다.


## 두 가지 건국신화…후기 가야시대의 중심국이 대가야


두 가지의 가야 건국신화가 전한다. 하나는 '가야산에 살던 산
신 정견모주와 하늘에서 내려온 천신 이비가 사이에 두 아이가
태어났는데, 큰아들은 대가야의 시조 이진아시왕이 됐고, 둘째아
들은 금관가야의 시조인 수로왕이 되었다'는 이야기다. 또 하나는
'하늘에서 6개의 커다란 알이 내려왔는데, 가장 먼저 깨어난 동자
가 금관가야의 수로왕이 되었고 나머지 5개의 알에서 나온 동자
들은 5가야의 왕이 되었다'는 이야기다. 앞엣것은 신라 말 최치원
의 〈석이정전〉에 나온 이야기를 인용해 실은 조선 초의 〈동국여
지승람〉에 나오는 대가야 중심의 건국신화이고, 뒤엣것은 고려

❶ 1914년의 지산리 고분군 모습. 완전히 헐벗은 산에 여기저기 파인 고분 모습이 보인다.
❷ 고령 왕릉전시관. 44호 고분 단면을 재현해 놓았다.

중기에 나온 〈가락국기〉 내용을 고려 후기에 일연이 인용해 실은 〈삼국유사〉의 금관가야 중심의 건국신화다.

김해 지역에서 번성했던 금관가야는 서기 400년 무렵 고구려 광개토대왕의 공격을 받은 뒤 쇠퇴하기 시작해 서기 532년 신라 (법흥왕 19년)에 항복한다. 5~6세기, 후반기 가야의 중심국으로 위세를 떨치던 대가야는 백제·왜 연합군과 신라를 공격하다 패한 뒤, 결국 562년(진흥왕) 신라 이사부가 이끄는 군대의 공격을 받아 항복했다. 대가야 16대 도설지왕 때였다.

후기 가야시대 중심국가였던 대가야의 눈부신 유물들을 만나러 고령 대가야박물관으로 들어간다. 먼저 대가야 고분 이야기부터 해보자. 고령 지산동 주산 능선을 따라 200여 기의 고분이

고령읍 주산 능선에 펼쳐진 대가야 고분군.

흩어져 있다. 웅장하고 아름답고 감동적이기까지 한 옛 공동묘지다. 대가야의 왕과 귀족들의 무덤으로 추정된다. '추정된다'고 하는 까닭은 고분이 거의 도굴된 상태이기 때문이다. 특히 일제 강점기 수많은 고분들이 파헤쳐졌고, 패망한 뒤 이곳에 살던 일본인들이 떠날 때 가야 유물들을 대량으로 가져갔다고 한다. 대가야박물관 한 관계자는 "일본 패망 뒤 일인들이 일본으로 철수하기 직전, 고령초등학교 운동장에 세워진 지엠시 트럭 3대에 엄청난 유물이 실려 있던 걸 목격한 사람도 있다"고 말했다.

지금까지 공식적으로 발굴작업이 이뤄진 고분은 10개뿐이다. 주인공 무덤은 파헤쳐진 반면, 주변에 함께 묻힌(순장) 이들의 석실들은 다행히도 고스란히 남아 있다. 유일하게 도굴범들의 손을 피해 살아남은 고분이 73호 고분이다. 발굴된 대개의 고분이 돌판으로 뚜껑을 만들어 덮은 돌덧널무덤인데, 73호 고분은 나무덧널 무덤이었다. 가야 고분은 초기엔 나무를 사용한 목곽분이었다가 후기엔 석실분으로 발전해갔다. 대가야박물관 이용호 해설사는 "능선 아래쪽에 있는 73호 고분은 대가야의 가장 이른 시기의 고분"이라며 "도굴범들이 파들어가다 돌판이 나오지 않고 무너져내리자, 이미 도굴된 줄 알고 포기한 듯하다"고 말했다. 지산동 고분군은 처음 능선 아래쪽에서 고분이 만들어지기 시작해 점차 능선을 따라 위쪽으로 옮겨가며 새 고분이 들어섰다.

## 해마다 주제 바꿔 1년간 새로운 유물 전시

대가야박물관은 1층 기획전시실과 2층 상설전실로 이뤄졌다. 기획전시실에선 해마다 주제를 바꿔 1년간 새로운 유물들을 전시한다. 2007년에는 지산동 44호 고분에서 출토된 인골 등을 전시했고, 2008년에는 7가야의 토기 비교전을 열었다. 2009년에는 나무덧널 형식의 무덤이었던 까닭에, 유일하게 도굴범들의 손을 피해 온전히 살아남은 73호 고분 출토물을 선보였다. 2010년에

❶ 대가야시대 흙으로 만든 구슬.
❷ 돌화살촉. 고령 봉평리 출토.
❸ 합천에서 출토된 대가야시대의
　'대왕' 새김 항아리.

는 일본이 반출해간 가야의 유물들을 주제로 한 전시회가 마련
됐다. 2층 전시실에선 선사 유물들과 고분에서 출토된 유물들을
만날 수 있다.

2층 전시관 입구에는 가야인 옷차림을 재현한 마네킹들을 세
웠다. 각종 기록과 유물, 벽화 등을 참조해 재현한 비단옷과 삼
베옷을 입혔다.

선사시대 유적부터 만난다. 석기류와 암각화들이 다가온다. 고
령은 암각화 전시장이라고 불러도 좋을 만큼 곳곳에서 무수한
선사시대 암각 · 성혈들이 발견되고 있다. 대표적인 암각화인 양
전리 암각화 바위를 전시관에 재현해 놓았다. 도깨비형 가면 모
습과 동심원 등이 새겨진 암각화다. 암각화가 있는 돌은 고분의
석실 뚜껑으로도 사용됐다. 고분 석실 뚜껑으로 쓰였던 사람 모
양이 새겨진 돌판 실물도 볼 수 있다.


## 선사시대 암각화 즐비한 고장


대가야의 역사와 돌화살촉 · 돌칼, 그릇받침 · 그릇 등 숱한 토
기류를 만난다. 토기들은 부드러운 곡선미와 안정감이 특징이다.
굽다리접시 · 항아리 등 유약을 바르지 않은, 한번만 구운 토기
들인데, 새겨진 무늬와 장식들이 정교하고 아름답다. 받침대 부
분에 네모난 창들이 뚫린 굽다리접시(高杯) 등은 요즘 한정식 밥
상에 올려놓아도 아름답게 보일만한, 아니 호화로운 상차림 모

습을 갖출 정도의 멋진 그릇들이다. 닭뼈와 복숭아씨 등이 그대로 남아 있는, 음식과 과일이 담겼던 그릇들도 보인다. 글씨가 또렷이 새겨진 토기들도 있어 흥미롭다. 토기 허리와 뚜껑에 '대왕'(大王)이란 글씨가 새겨진 긴목단지, 주둥이에 '하부사리리'라는 글씨가 새겨진 항아리다. 해설사는 "하부사리리란 합천의 하부 지역의 '사리리'라는 이가 만든 토기를 나타낸 듯하다"며 "대왕은 당시 가야 왕의 위상을 나타낸다"고 설명했다.

1914년 촬영된 주산 능선의 고분군 사진도 있다. 나무 한 그루 없는 벌거숭이 산에 무너져가는 고분들 모습이 안쓰럽게 다가온다. 일본인으로 여겨지는 사람들이 개를 데리고 능선에 서 있는 사진이다. 고분마다 봉분 일부가 파헤쳐진 듯한 모습이 있는 것으로 보아, 이미 도굴된 상태였던 것으로 여겨진다. 당시 가야왕국은 풍부한 철 생산으로 왜 등과 무역을 하고 있었다. 화폐로 쓰였음직한, 일정한 크기로 만들어진 덩이쇠들과 쇠도끼·화살촉 등을 볼 수 있다. 눈길을 끄는 것이 정교하게 제작된 투구와 갑옷이다. 투구는 일정한 크기의 가늘고 긴 쇳조각 수십개를 부채 형식으로 겹치게 꿰어 만들었다. 옷감 무늬 흔적이 남아 있는 쇠붙이들도 인상적인 볼거리다.


## 수십 개 쇳조각 꿰어 만든 정교한 갑옷 눈길


역시 전시물 중에서 가장 눈부시기는 금관과 금귀고리 등이

대가야의 철제 투구 부속물들.

다. 물론 진품은 아니고 정교하게 새로 만들어 전시한 것들이다. 세계적으로 순금으로 만든 옛 금관은 10개에 불과하다고 한다. 아프가니스탄 출토 1개, 스키타이 출토 1개, 그리고 신라 금관이 6개, 대가야 출토 금관이 2개다. 대가야 금관은 도굴된 뒤 전해진 것이어서 어느 고분에서 나온 것인지는 확실치 않다. 금장식이 풀잎형, 꽃봉오리형 2가지인데 왕이 직접 썼던 것은 아니고 사후에 제작돼 무덤에 넣은 장식품이다. 꽃봉오리형 금관(국보 138호)은 삼성 리움미술관에서, 풀잎형 금관은 일본 오쿠라콜렉션에서 소장하고 있다고 한다. 30호 고분에서 출토된 어린 왕자의 것으로 추정되는 작은 금동관(일부)도 볼 수 있다. 45호 고분 등에서 출토된 금귀고리는 섬세하게 다듬고 이어붙이고 깎아낸

지산리 45호분 출토 금귀고리.

모습이 눈이 부실 정도다.

유물들은 신라시대를 거쳐 고려시대 것으로 이어진다. 신라 때 절 물산사 터에서 나온 기왓장 무늬도, 반룡사에서 옮겨온, 탑신 없이 옥개석들만 남은 아담한 점판암 다층석탑도, 고려 초기의 개포리 석조 관음보살좌상(복제품)도 아름답다. 조선시대 향교 고문서들과 인명부, 주례목판, 그리고 말안장 등을 둘러보면 전시관 밖으로 나오게 된다. 야외전시장의 옛 불상들과 석탑, 돌거북 등도 볼거리다.

## 40여 명이 함께 묻힌 대형 순장묘엔 8살짜리 아이도

대가야박물관 옆엔 국내 최대 순장묘인 44호 고분(1977년 발굴) 내부 모습을 고스란히 재현해 놓은 왕릉전시관이 있어 함께 둘러볼 만하다. 40여 명이 함께 묻힌 대형 고분이다. 이용호 해설사는 "유골 조사로 묻힌 이들의 나이를 알 수 있는데 8살짜리 아이를 안고 있는 어른도 있었다"며 "모두 유골 뒷머리가 깨져 있는 것으로 보아 묻히기 전에 타살된 듯하다"고 말했다. 이 고분에서 출토된, 백제에서 조의품으로 보내온 금동함과 등잔, 오키나와에서 생산된 야광조개 국자(부서진 조각)도 전시했다. 왕릉 축조 과정도 살펴볼 수 있다.

박물관 관람을 전후해 주산 능선을 따라 이어지는 고분 무리를 따라 산책을 즐겨보자. 아름다운 주변경치와 대가야 왕릉들의 위용을 함께 만나게 되는 산책로다. 왕릉전시관 앞 길 건너편엔 대가야역사테마관광지도 있다. '전투를 통해 본 대가야의 역사'란 주제로 대가야의 흥망성쇠를 4D영상으로 감상할 수 있는 영상관을 갖췄다.

토기 속에 담긴 음식

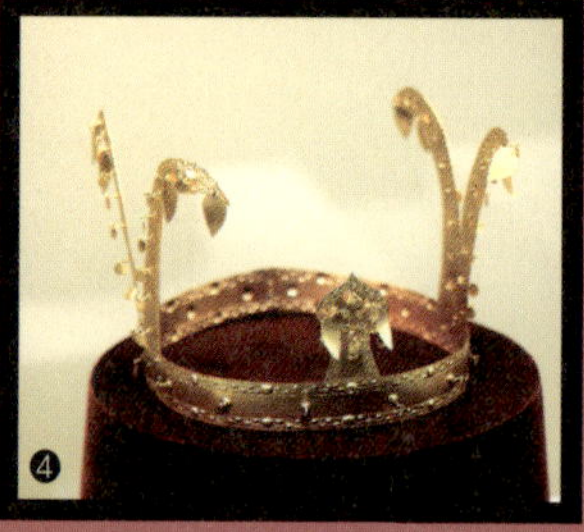

❶ 청동기시대 간돌칼. 고령 신촌,신곡리 출토.
❷ 복숭아 씨앗, 생선뼈, 고둥, 닭뼈 등이 담긴 토기들.
❸ 박물관 실내 전경.
❹ 일본에 있는 대가야 금관의 모조품.
❺ 통일신라시대 기와조각.
❻ 박물관 앞뜰의 석물.
❼ 대가야 시대의 그물추.
❽ 그릇받침과 뚜껑. 고령 쾌빈리 출토.
❾ 고분에서 출토된 그릇받침과 그릇.

# 박물관 +

고령은 경북과 경남의 경계에 있다. 서울서는 1박2일 일정으로 가야 알차다. 고령박물관과 지산동고분군, 대가야왕릉전시관은 같은 곳에 있어 한 번에 찾아갈 수 있다. 단, 지산동고분군은 밝은 대낮보다는 아침저녁, 혹은 밤에 찾는 게 운치가 있어 숙박은 고령읍에서 하는 것이 좋다. 대가야의 문화유산과 함께 우륵박물관과 김종직 종택, 산림녹화기념숲까지 돌아보면 여행이 더욱 알차다. 합천 해인사도 지근거리에 있어 일정에 넣을 만하다.

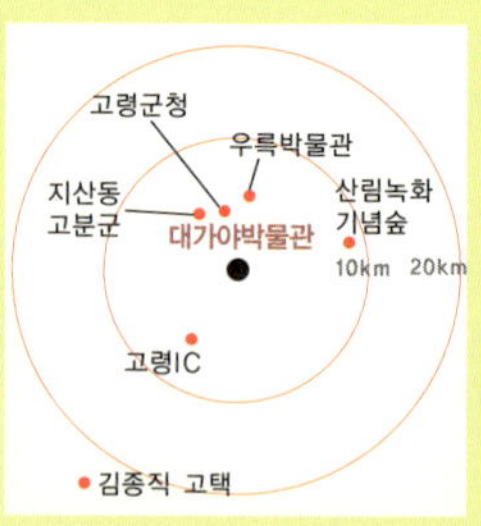


## 가이드 및 체험 프로그램

문화해설사가 상주한다. 현장에서 신청 가능. 박물관 내에 어린이체험실이 있다. 대가야토기·투구 및 왕관 맞추기, 탁본·인쇄 및 프로타주체험, 암각화그리기, 대가야 이야기책 만들기, 절구·다듬이 등 전통 민속도구와 활비비, 손풀무 등을 체험할 수 있다. 요금은 재료비로 1000원 이내. 오전 10시부터 오후 4시까지 가능.

## 축제 및 연계 프로그램

매년 4월에 박물관 일원에서 대가야체험축제가 열린다. 이야기가 있는 체험축제를 표방. 대가야역사체험, 대가야용사체험, 유물체험, 우륵가야금경연대회 등으로 구성. 매년 이야기의 주제가 바뀐다. 딸기재배지를 연계한 체험 거리가 풍성하다. 정확한 시기와 장소는 박물관 홈페이지 참조.

## 연관 박물관

대가야박물관 입장권으로 이웃한 왕릉전시관과 우륵박물관을 관람할 수 있다. 우륵박물관(☎ 054-950-6789)은 가야금을 만든 우륵과 관련된 자료를 전시한 테마박물관. 가야금을 형상화한 건물이 이색적. 가야금 체험도 가능. 왕릉박물관은 국내 최초로 확인된 대규모 순장무덤인 지산동고분군의 내부를 원래의 모습대로 재현했다.

## 연계 투어

대가야는 고령의 특별 문화상품. 고령군에서 추천하는 대가야 역사 체험 코스가 5가지다. 대가야박물관을 가운데 놓고 관심 분야에 따라 앞뒤 장소를 선택하면 된다. 고령양전동암각화를 시작으로 우륵박물관, 대가야박물관, 지산동고분군, 대가야역사테마관광지를 도는 코스가 인기다. 별도의 투어 프로그램은 없다.

## 가볼만한 여행지

**김종직 종택** 쌍림면 합가리 개실마을에 있다. 점필재 김종직(1431~1492)은 영남학파의 중조이자 무오사화를 일으킨 이. 그가 단종의 비극적 소식을 듣고 27세에 지은 '조의제문'이 원인이 되어 조선 최초의 사화가 발생한다. 종택은 김종직의 신주를 모신 사당을 비롯해 건물을 ㅁ자 모양으로 배치했다.

**산림녹화기념숲** 일제 식민지 수탈과 한국전쟁으로 황폐해졌던 숲을 되살린 것을 기념해 조성한 수목원. 숲이 주는 혜택과 환경의 소중함을 배울 수 있게 꾸며 놨다. 수목원 내에는 기념관과 분경분재관, 조경시설, 금산폭포, 등산로 등이 있으며 아이들이 좋아하는 바닥분수를 비롯한 자연미 넘치는 산책로가 조성됐다. ☎ 054-950-6176

## 교통

자가운전으로 가면 88고속도로 고령IC를 이용한다. 고령IC에서 대가야박물관까지는 15분 거리. 지산동 고분군과 우륵박물관, 김종직 종택도 멀지 않은 거리에 있다. 대가야박물관과 지산동고분군 등 고령에 있는 여행지를 돌아본다면 대중교통을 이용하는 것도 나쁘지 않다. 서울~고령은 남부터미널에서 1일 5회 고속버스 운행(4시간 30분 소요)된다. 김종직 종택을 제외하면 도보로 충분한 거리다.

## 숙박

고령읍내의 숙박시설은 모텔이 최고 등급이다. 그린모텔(☎ 055-956-7005), 알프스 모텔(☎ 055-955-5117)

## 박물관 옆 맛집

고령읍 헌문리의 대통대맛(054-956-3012)은 주산왕대샤브샤브(**사진**)가 유명하다. 전골냄비 한가운데에 통대나무를 넣고 육수를 끓여 야채와 해물, 쇠고기를 살짝 데쳐 먹는다. 대나무에서 나온 죽력이 고기 기름을 분해시켜 고기 맛이 담백하다. 샤브샤브를 시키면 칼국수와 만두, 대나무밥이 같이 나온다. 이밖에 고령토로 만든 도자기에 연근으로 만든 음식과 장아찌가 나

오는 사랑채(054-956-1151)의 연차밥 정식, 논에서 기른 팔뚝만한 메기로 매운탕을 내는 성진논메기매운탕(054-954-2918)이 이름났다.

풍경은 이색적이고 이국적이다. 길과 건물들도 깔끔하다.
이런 것만 보고 즐기다 보면 잠시 잊어버리는 게 있다. 옛 사람들
삶이 널린 역사의 밭이요, 문화유산의 보물창고다.

2박3일

출발 — 국립제주박물관 — 우도 — 돌문화박물관 — 제주국제
평화센터 — 평화박물관 — 오설록
녹차박물관

제주공항 — 올레1코스 — 김영갑
갤러리 — 테디베어
뮤지엄 — 초콜릿박물관

# 돌 · 바람 · 여자만 안다면 제주를 모른다

## 국립제주박물관

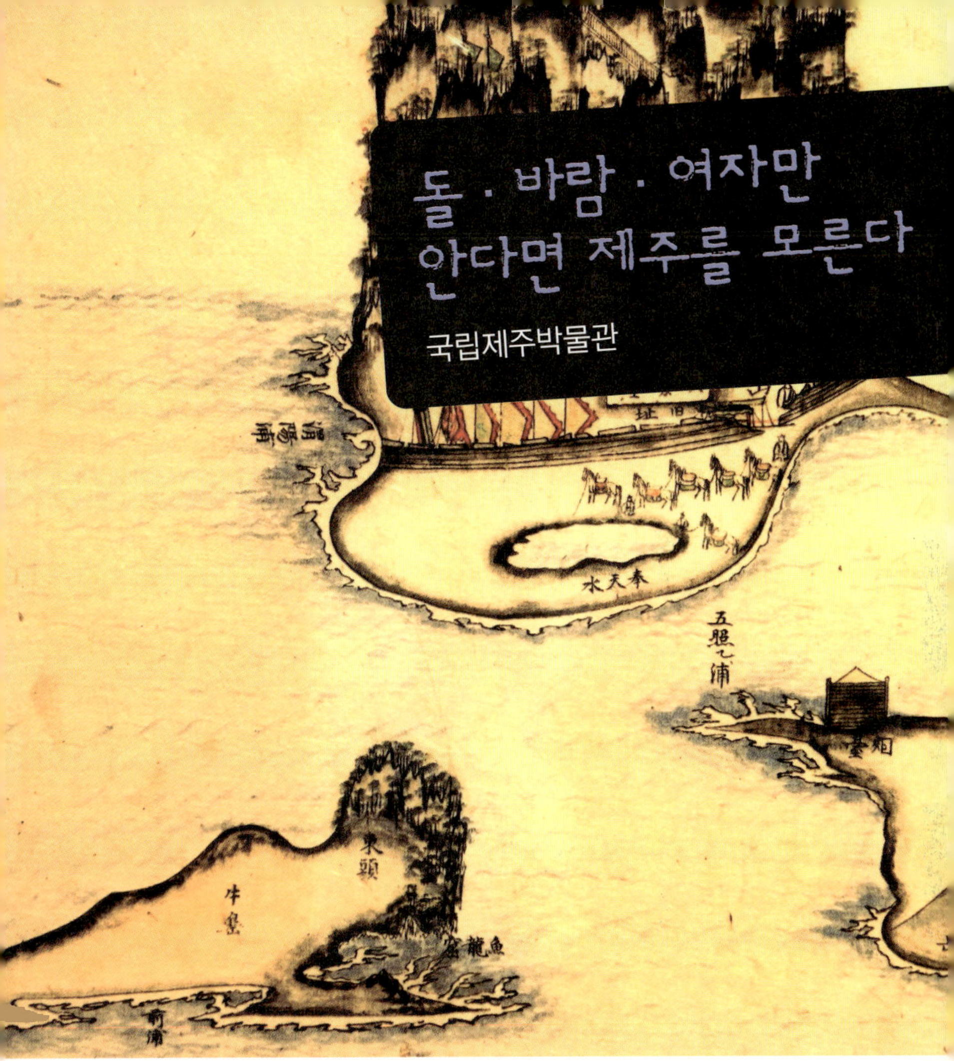

주소 제주도 제주시 일주동로-17　홈페이지 http://jeju.museum.go.kr　전화 064 - 720 - 8000　관람시간 오전 9시 ~ 오후 5시 (매주 월요일, 매년 1월 1일 휴관)　관람료 무료(입구에서 무료관람권 받아서 입장)　전시물 탐라순력도, 제주 선사시대 유물, 표류·표착 관련 기록물, 제주 고지도 등　체험행사 탁본과 목판인쇄, 정의고을 만들기, 손으로 그리는 토기, 제주의 탑 등. 무료.


이병학 기자의 추천 지수

| 체험성 | 전시물 수준 | 독창성 | 주변 여행지 | 아동 선호도 |
| --- | --- | --- | --- | --- |

∷ 제주도는 국내에서 확실히 이색적이고 이국적인 정취를 안겨주는 관광지다. 광활한 한라산 자락의 멋진 초지와 곶자왈 지대의 원시림, 무수한 오름들과 해안 바위 경치들이 그렇다. 깨끗하게 정비된 도로와 새로 개발하고 건설한, 다양한 편의시설들도 한몫 한다. 제주도를 찾은 나그네들이 아름다운 자연과 문화·위락시설들을 즐기는 동안, 잠시 잊어버리는 게 있다. 제주도가 선인들 발자취 무수히 깔린 역사의 밭이요, 문화유산의 보물창고라는 사실. 구석기시대부터 탐라국~고려~조선시대에 걸쳐 옛 사람들의 삶의 자취가 방대한 문화유산으로 남아 있다. 섬 특유의 이야깃거리를 담고 있는 흥미진진한 제주도 역사와 문화유산 속으로 들어가 보자. 제주시 사라봉 자락 국립제주박물관으로 들어서는 순간 여행은 시작된다.

## 한라산, 거문오름과 용암동굴계, 성산 일출봉 세계자연유산

박물관에 들어서면 먼저 중앙홀 정면에서 대형 제주목 관아와 읍성을 재현해 놓은 커다란 옛 제주시 모형이 맞아준다. 제주 신시가지나 서귀포 중문에 여장을 풀고, 섬을 한 바퀴 둘러보며 경치를 즐긴 뒤 공항으로 직행하는 관광객들은 만날 수 없는 모습이다. 제주시에 현무암을 다듬어 쌓은 둘레 3km의 석성이 있었고, 관아와 관덕정이란 걸출한 정자(보물 322호)가 있다는 걸 모르는 이가 많다고 한다. 중앙홀 천장은 탐라 개국설화·한라산·삼다도(돌·바람·여자)를 형상화한 스테인드글라스로 장식했다.

전시관은 선사실·탐라실·고려실·탐라순력도실·조선실·기증실 등 여섯 개로 이뤄졌다. 선사실은 먼저 제주도 섬의 탄생 과정부터 소개한다. 제주도는 이런 섬이다. 면적은 서울의 3배 크기다. 54개의 작은 섬을 거느렸고, 주민이 사는 섬은 8개다. 한라산 주변에는 368개에 이르는 오름(기생화산)들이 겹치고 뭉치고 엇갈리고 흩어져 있다.

제주도엔 유네스코에 등록된 세계자연유산이 3곳 있다. 한라산, 거문오름과 용암동굴계, 성산 일출봉이다. 이런 자연유산은

탐라순력도가 전시된 탐라순력도실.

약 120만 년 전부터 다섯 단계에 걸친 화산활동으로 이뤄졌다. 한라산은 약 30만 년 전, 주변 기생화산들은 약 2만5000년 전에 만들어졌다고 한다. 북반구 일대에 서식하는 갈색곰 뼈의 화석은 제주도가 과거엔 육지와 이어진 땅이었다는 것을 말해준다. 선사시대 유물로는 1만 년 전 고산리에 살던 신석기인들의 토기와 토기 파편, 돌칼·화살촉 등 석기류에서부터 청동기, 철기시대에 이르는 다양한 유물들을 볼 수 있다. 고산리 유적은 국내 신석기 유적 가운데 가장 오래된 유적으로 알려진다. 빗살무늬토기보다 앞선 토기가 나오는데, 일부러 마구 그은 듯한 선들이 얽혀 새겨진 모습이다. 이는 점성을 높이기 위해 흙에 잡초와 짐승의 털 등 유기물질을 섞어 구웠기 때문이라고 한다. 타고 남은 흔적들이 무늬처럼 보인다.


## 옛 동남아 주요 나라들 잇는 해양문화 교류의 한 축


주목할 만한 것은 삼화지구에서 출토된 랴오닝식 동검 조각이다. 2006년 이 청동기 조각이 발견되기 전까지 제주도엔 청동기시대가 누락돼 있었다고 한다. 이전엔 이 시기를 무문토기시대로 불렀다. 흙을 구워 만든 규모가 작은 독무덤(2차 장례용), 받침돌이 여러개(11개짜리도 있다)인 고인돌, 전복 껍질을 갈아 만든 화살촉 등 독특한 유물을 살펴볼 수 있다. 철제 칼·화살촉·창과 동전, 옥으로 만든 장신구 등 유물들은 모두 제주도 사람들이

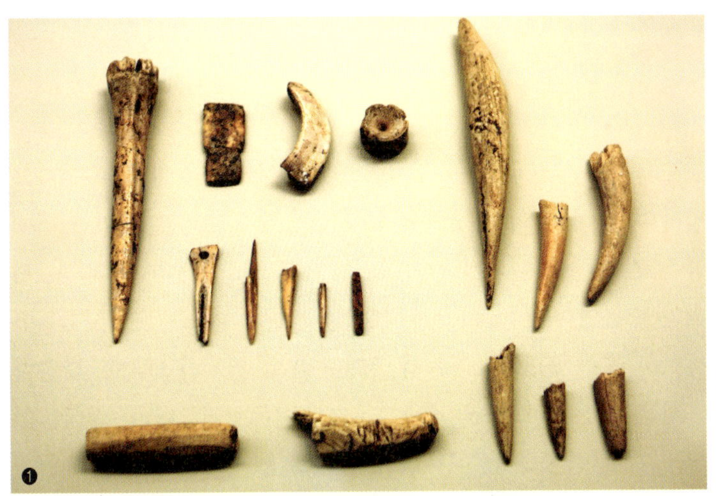

❶ 동물뼈로 만든 여러 가지 연장들.
❷ 법화사 터에서 나온 용구름무늬
　암막새.
❸ 청동기시대 토기류.
❹ 신석기시대 동물뼈 연장.

외부와 활발한 교류활동을 했다는 사실을 말해준다.

박물관 안내해설사 팽선우(25)씨는 "제주도에선 철기도, 청동기도, 옥도 생산되지 않는다"며 "광물이 나지 않으므로 금속제 도구들이나 장신구들은 모두 다른 지역에서 유입된 것들"이라고 말했다. 철제 칼의 손잡이 장식물인 고사리 모양으로 말린 철제품은 김해 양동리 유적에서 발굴된 것과 같은 것이라고 한다. 팽씨가 덧붙였다.

"제주도는 섬나라 특유의 전통문화를 간직하면서도, 다양한 문화를 받아들이고 전달하는 통로 구실도 했습니다. 중국·일본·오키나와·타이완 등 옛 동남아 주요 나라들을 잇는 해양문화 교류의 한 축이었습니다."

제주도의 역사는 선사시대·원삼국시대(~서기 300년), 탐라시대(300~1105년), 고려시대(1105~1392년), 조선시대로 나뉜다. 탐라국이 존재했던 시기가 신라 때부터 고려시대까지 겹치므로 1105년까지를 탐라시대로 부른다.

탐라시대의 토기를 포함해 대부분의 토기 등 생활용기들은 모두 조각난 흔적이 있고, 색깔은 붉은빛이 도는 게 많다. 1200~1300도의 고온에서 구울 수 있는 가마가 발달하지 않아, 노지에서 600~700도의 저온에서 구웠기 때문이다. 고려시대에 육지에서 들어온 회색빛이 도는 단단해 보이는 도기와 비교하면 차이가 뚜렷이 드러난다. 해저 유물도 있다. 신창리 앞바다에서 해녀가 물질하다 발견한 깨진 그릇 조각들이다. 남송시대의 중국 배가 제주도 서쪽 해안을 항해하다 침몰하면서 남겨진 유물들이다. 모두 깨진 자기들만 나온 것은 바다 밑의 거친 현무암 바위 때문이다. 고려 청자도 조선 백자도, 절터에서 나온 점판암 석탑재들도 모두 육지에서 건너온 것들이다.


제주목사 순시 기록…
지도 풍물 양로잔치 등 타임머신 탄 듯


이 박물관에서 눈여겨 볼만한 것 중 하나가 탐라순력도(耽羅巡歷圖·보물 제652-6호)다. 조선 숙종 28년(1702년) 제주목사 겸 병마수군절제사로 제주도에 부임해온 이형상(1653~1733)이 그해 관내 각 고을을 돌며 진행한 행사들과 풍광들을 가로 35㎝, 세로 55㎝의 종이에 그린 총 41폭의 채색 화첩이다. 그림은 제주목의 김남길이라는 화공이 그렸다. 그림과 함께 당시 상황까지 상세히 기록한 매우 귀중한 사료다. 1702년 10월28일부터 11월19일까지 진행된 순시 내용을 기록했다. 제주도 지도와 관아와 읍성, 군사시설을 비롯해, 활쏘기나 잔치 등 풍물들을 담고 있어 흥미를 더한다. 전체 화첩 구성은 당시 제주도 전도 1쪽, 순시 장면 등 40쪽, 그림에 관한 기록 2쪽으로 이뤄졌다. 이형상은 평생을 검소하게 산 청백리로 알려져 있다. 그는 제주목사 임기(2년6월)를 채우지 못하고 유배인들 편에 섰다는 이유로 파직돼 제주도를 떠났다고 한다.

반타원형으로 제주도를 형상화한 탐라순력도실엔 한가운데 진

탐라순력도의 정방탐승.

본 탐라순력도를 전시하고, 벽면에 복사본들과 그 내용을 설명, 그림들을 전시하고 있다. 화첩에 가장 먼저 등장하는 지도 한라장촉은 독립된 제주도 지도 중 가장 오래된 것으로 꼽힌다. 한양에서 바라보는 시각에서 그린 것이어서 제주목이 아래에, 서귀포지역은 위로 가게 뒤집어진 모습이다. 목사 일행은 조천성에 들어가 군사훈련과 말을 점검하고(조천조점), 김녕의 용암굴을 둘러본 뒤(김녕관굴), 정방폭포도 구경하고(정방탐승), 서귀진의 군사를 점검(서귀조점)한 뒤엔 천제연폭포에서 활쏘기대회(현폭사후·명월시사)도 연다. 또 귤나무 숲에 들어 풍악을 곁들인 잔치를 열고(고원방고), 산방산 산방굴 앞에서 잔을 기울이기도 한다(산방배작). 그림에서 이형상 목사는 붉은 모자를 쓴 이로 표시돼 금세 알아볼 수 있다. 이 목사는 순행을 마치고 제주목으로 돌아와서는 각 고을 어르신들을 초청해 양로잔치를 베푼다(제주양로). 제주양로 장면의 아래쪽에 적힌 기록엔, 100살 이상이 3명, 90살 이상이 23명, 80살 이상이 183명 참석했다고 적혀 있다.


### 표류인들과 유배자들의 기록·유품도 볼거리

제주도에 표착한 외국인이나 섬에서 육지로 오가다 표류한 섬사람들의 기록도 볼거리다. 1770년(영조 46년) 향시에서 장원을 한 장한철이 한양으로 과거시험을 보러가다 풍랑을 만나 표류하다 오키나와 등에 표착했던 사실을 일기체로 기록한 〈표해록〉,

탐라순력도의 제주양로. 아래쪽에 참가한 어르신들 나이 기록이 보인다.

〈하멜 표류기〉의 복사본 등이 전시돼 있다. 충암 김정, 우암 송
시열, 추사 김정희, 면암 최익현 등 제주도에 유배됐던 이들의
행적과 유품을 전시한 코너도 흥미롭다. 제주 해녀들의 옷과 도
구, 제주의 무속신앙, 기증유물들을 둘러보고 나면 다시 제주읍
성 모형이 전시된 중앙홀로 나오게 된다. 팽씨는 전시실을 둘러
보기에 앞서 "중앙홀의 제주읍성 모형은 전시실을 다 둘러본 뒤
마지막에 보라"고 권했다. 그 말이 맞다. 제주도의 역사 문화를
살펴본 뒤에 접하는 제주목관아와 성곽 등 제주시의 옛 모습은
한결 깊이있게 다가오니 말이다.

①

②

③

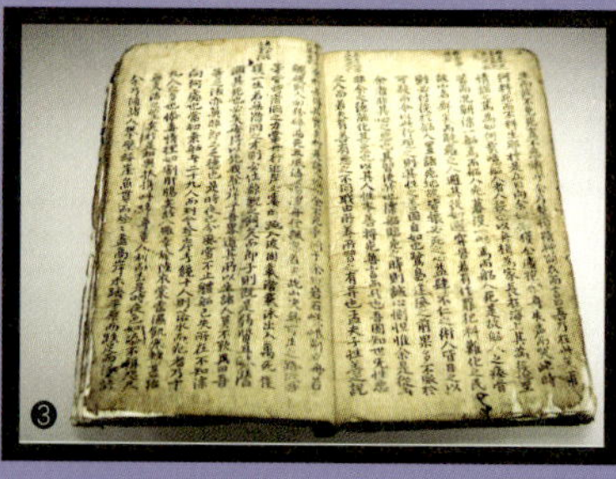

④

⑤

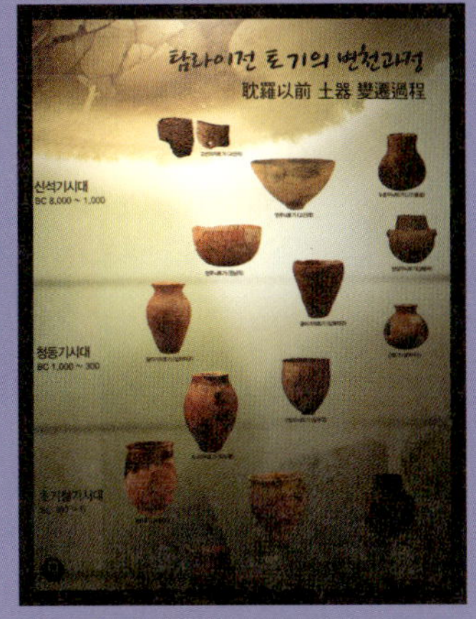

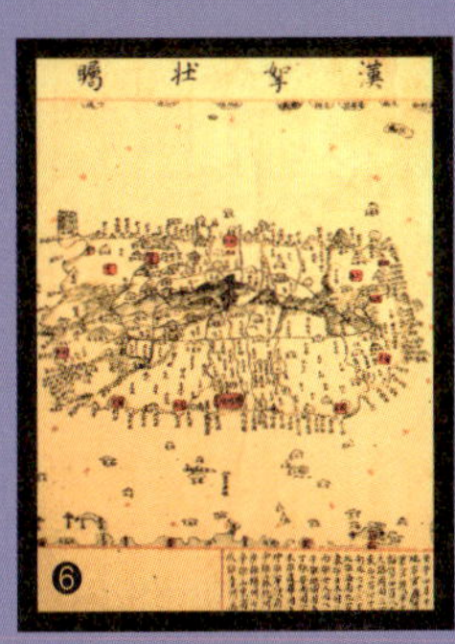

❶ 원삼국시대 전복껍질 화살촉.

❷ 탐라순력도의 성산관일.

❸ 한양으로 과거 보러 가다 표류한 장한철의 표해록.

❹ 제주목 관아 비석무리.

❺ 박물관 실내 전경.

❻ 탐라순력도에 들어 있는 제주 고지도인 한라장촉.

❼ 육지에서 수입된 철기 유물.

❽ 신석기시대 누른무늬 토기.

❾ 탐라 이전 토기의 변천과정.

❿ 탐라국시대 수입된 도기들.

# 박물관 +

제주는 우리나라 최고의 여행지. 며칠을 있어도 볼거리가 넘친다. 특히, 박물관의 보고라고 할 수 있을 만큼 다양한 박물관이 있다. 특별한 박물관만 찾아다녀도 이틀은 훌쩍 간다. 여행 중간중간에 하나씩 끼워 넣으면 여행 일정이 알차다.

## 가이드 및 체험 프로그램

자원봉사자 및 전문 해설사 상주. 현장에서 신청 가능. 상설 체험프로그램으로는 전시유물과 관련 내용을 탁본과 목판인쇄로 만드는 체험세상, 과거와 현재를 잇는 문화소통을 주제로 정의고을 만들기, 손으로 그리는 토기, 제주의 탑 등을 체험할 수 있는 어린이 올레가 있다. 비정기적으로 다양한 특별 프로그램도 운영.

## 축제 및 연계 프로그램

2009년부터 매년 5월 말에 제주도 박물관 축제한마당이 열린다. 제주도 내 박물관을 홍보하고 활성화시키기 위한 박물관 연합 행사. 16개 박물관이 참여해 각 박물관의 특성을 살린 다양한 주제와 전시, 그리고 체험 프로그램으로 구성. 자세한 안내는 제주박물관과 제주박물관협의회 홈페이지(www.maojp.org) 참조.

## 연관 박물관

**제주도민속자연사박물관** 제주시 일도동에 있다. 민속실에서는 제주인의 일생과 산업 등을 만나고, 자연사실에서는 제주의 형성과정, 지질암석, 해양식물, 동물, 식물의 자료들을 생태학적으로 이해할 수 있다. 야외전시실에는 곡식을 가공했던 연자매 같은 생활용구와 동자석 등 신앙생활용구 전시. ☎064-722-2465 http://museum.jeju.go.kr

## 연계 투어

제주박물관에서 도내 박물관을 연계한 박물관 투어 프로그램 '엄마 아빠와 함께 떠나는 박물관 탐방단'을 운영한다. 1년에 4번, 1회 40명 선착순 모집이라 기회가 적은 게 단점. 대상은 초등학생 가족. 참가비는 무료. 제주박물관을 기점으로 매회 주제와 코스가 다르다. 박물관 학예연구실(☎ 064-720-8108)

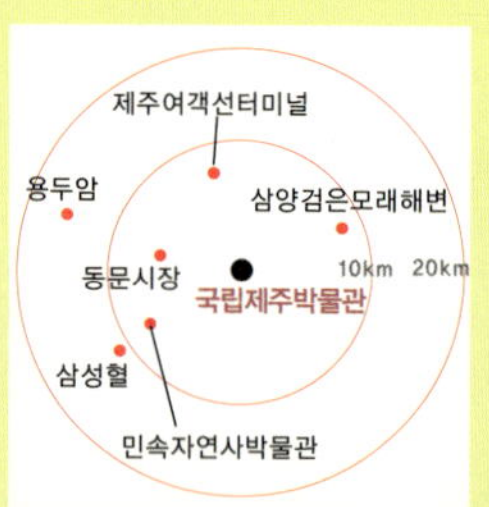



## 가볼만한 여행지

**제주돌박물관** 제주의 형성과정과 제주민의 삶이 엉겨들어 있는 돌 문화를 종합적이고 체계적으로 보여주는 박물

관이자 생태공원. 관람 코스는 모두 3개.  ☎ 064-710-6631 http://jejustonepark.com

**평화박물관**  태평양전쟁 당시 일제가 미군에 저항하기 위해 파놓은 지하 요새를 볼 수 있는 곳. 통로를 따라 수십 개의 방이 상하좌우로 연결된 지하요새는 미로처럼 지어졌으며 적을 유인해 함정으로 빠뜨리는 곳도 있다. 요새에 거주했던 일본인들을 밀랍인형으로 재현한  전시물도 있다. ☎ 064-772-2500 www.peacemuseum.co.kr

**제주국제평화센터**  2005년 제주도가 '세계평화의 섬'으로 공식 지정된 것을 기념해 만들어졌다. 눈길을 끄는 것은 밀랍인형으로 재현한 정상들의 정원과 스타들의 정원. 노무현 대통령을 비롯한 역대 대통령과 해외 정상, 배용준ㆍ전도연ㆍ홍명보 등 스타들을 실물 크기의 밀랍인형으로 재현했다. ☎ 064-735-6550 www.ipcjeju.com

## 교통

제주의 렌터카는 내비게이션이 포함됐다. 어느 박물관이든 지명과 주소로 다 찾아갈 수 있다. 대부분의 도로의 제한 속도는 시속 60km. 속도위반 딱지를 떼이지 않도록 주의한다.

## 숙박

제주는 우리나라에서 펜션이 가장 발달한 곳. 호텔이 부담스럽다면 자신의 스타일에 맞는 펜션에서 머무는 것이 좋다. 재즈마을(www.jazzvillage.co.kr), 귤림성(www.gyulimsung.com)

## 박물관 곁 맛집

제주는 뭍과는 다른 섬만의 독특한 음식문화가 남아 있다. 과거의 조리법이 지금껏 이어져 토속적이다. 또 바다에서 건져 올린 싱싱한 재료가 요리를 빛내준다. 유리네 (☎ 064-748-0890)는 '신제주의 유리네를 모르면 간첩'이라는 말이 있을 정도로 유명한 물횟집. 몸국과 물회, 갈치구이를 맛볼 수 있다. 서귀포 보목동 어진이네횟집(☎ 064-732-7442)은 자리물회(사진)와 젓갈로 유명세를 톡톡히 타는 집이다.

불망비 · 선정비 · 금표 · 하마비 등 재질도 글씨도 거북 표정도 제각각이다. 강화 부임 유수 · 부사 · 판관 · 군수 등을 기려 세운 것들을 모았다. '가축 방목 땐 곤장 100대, 쓰레기 함부로 버리면 80대' 글귀도 있다.

# 300년의 역사 증언하는 69기의 비석

## 강화역사관

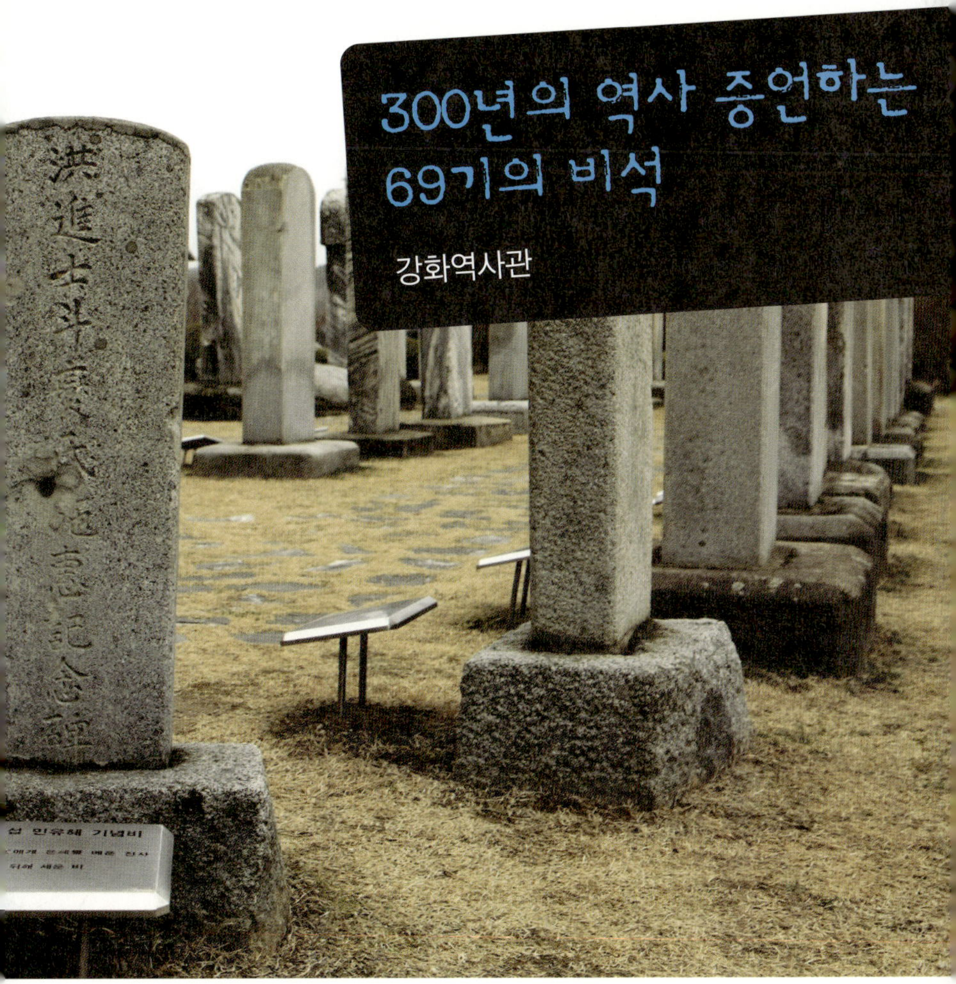

**주소** 인천시 강화군 강화읍 해안동로 1366번지 18(옛 갑곶리 1040) **홈페이지** http://ghm.ghss.or.kr **전화** 032-930-7077 **관람시간** 오전 9시~오후 6시(연중 무휴) **관람료** 어른 1300원, 어린이 700원 (강화역사관과 덕진진 · 고려궁터 등 5곳을 모두 둘러볼 수 있는 일괄입장권은 2700원) **전시물** 강화유수 · 부사 선정비 · 불망비와 금표 등 비석 무리, 강화동종, 강화역사 자료. **체험행사** 별도로 없음.

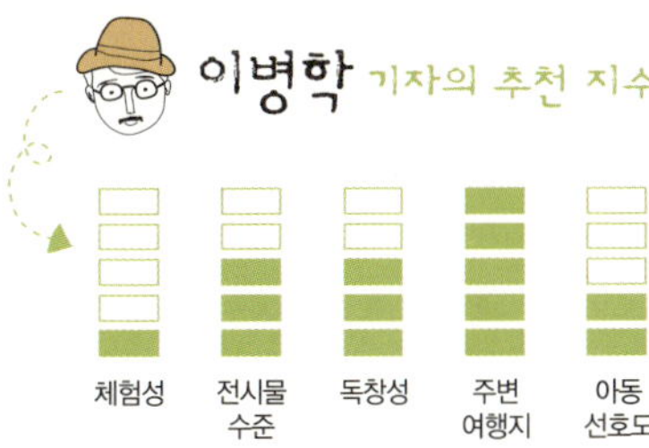

∷ 박물관을 찾아다니다 보면 박물관의 가치가 꼭 보물급 전시물의 수나 건물 크기 등 그 규모에 의해 좌우되는 게 아니라는 걸 새삼 느끼게 된다. 호텔이 현관과 로비가 크다고 시설과 서비스까지 다 좋은 게 아닌 것처럼 말이다. 강화역사관은 사실 볼거리가 많은 전시관은 아니다. 특히 '널린 것이 유적'이고, 섬 자체가 '지붕 없는 박물관'으로 불리는 강화도에서 강화역사관은 소장 유물에서나, 전시 방식에서 아주 소박한 수준이다.

## 아는 만큼 보일까, 보는 만큼 알까

하지만 '강화역사관'의 의미는 규모보다 훨씬 크다. 명칭에서 드러나듯이, '한반도 축소판' 강화도 역사탐방길의 관문이자 예습 공간 구실을 톡톡히 하고 있는 곳이다. 그렇다. 여행도 역사탐방도 예습이 중요하다. '아는 만큼 보인다'는 말은 진리에 가깝다.

강화도가 어떤 섬인지 알려주는 곳이 강화역사관이다. 그러나 강화역사관의 '보물'들은 박물관 안에 있지 않다. 건물 밖에 있다. 강화역사관 앞마당에 도열한 비석 무리. 선정을 베푼 관리나 마을에 훌륭한 업적을 남긴 이들을 기리기 위해 세운 선정비·불망비 등의 빗돌들이다.

강화도는 한강·임진강·예성강으로 드는 해운교통의 요충지로, 역사의 고비마다 크고 작은 사건의 무대로 등장했던 섬이다.

1900년에 세워진 성공회 강화성당.

고려 때 몽고의 침략으로 수도를 천도하며 '제2의 수도'로 떠오른 이래, 동서양 제국주의자들이 한반도를 넘볼 때마다 강화도는 늘 최전방 전선이 되어 수난을 겪어왔다. 그만큼 선인들의 애환이 서린 흔적들이 허다하다. 세계문화유산으로 등록된 고인돌 등 선사시대 유적부터 일제강점기 침탈 흔적까지 섬 전체에 유적이 깔렸다. 선정비·불망비 등 비석들도 그런 유적들이다. 지방관리들이 펼친 업적과 각별한 애민정신을 기리기 위해, 임기가 끝난 뒤 세우는 빗돌이다. 지역을 다스렸던 수장들의 행적의 결과물이니, 그 지역 역사의 무게를 말해주는 증거물이이기도 하다.

우리나라엔 지역마다 이런 빗돌이 없는 곳이 없다. 각 지역 옛 관아 주변이나 박물관 들머리 등에 모아놓은 몇 기에서 몇십 기에 이르는 선정비·불망비들을 만날 수 있다. 모든 역사유적은 처음 세운 제자리에 보전해야 마땅한데, 사람이 늘고 길이 뚫리고 건물이 들어서고 개발되고 재개발되고 파헤치고 메워버리면서, 제자리를 잃고 떠도는 유물들이 무수하다. 특히 빗돌들은 쓰러지거나 깨지기 쉽고 또 옮기기도 쉬워, 흔적없이 사라지는가 하면 찬밥 신세가 되어 이리저리 옮겨다니다 엉뚱한 곳에 '집합' 되는 경우가 대부분이다.

## 지위나 추앙 정도보다 그때 그때 형편 따라

강화역사관 앞에는 무려 69기(안내판엔 67기로 적혀 있다)에 이르는 영세불망비·선정비·금표·하마비와 임진왜란때 명나라 원군 장수를 기린 빗돌 등 다양한 빗돌들이 도열해 있다. 강화도 각지에 세워져 있던 것들을 용정리에 모아 세웠다가, 이곳에 제2강화대교가 건설되면서 1965년 착공 때 부근으로 옮긴 뒤 2000년 다시 강화역사관 앞으로 옮겨 세운 것이다. 주로 1600년대 초부터 1900년대초에 이르는 동안 강화에 부임했던 강화유수·부사·판관·군수 등을 기려 세운 것들이다. 가장 많은 것이 역대 강화유수들의 불망비다.

강화는 조선 인조 때 도성 방어체제를 강화하기 위해 강화에 유수부를 설치했다. 유수부란 일종의 수도방위의 거점으로 강화

와 개성, 경기도 광주, 수원, 춘천 등에 설치했다. 유수는 지방관
이 아닌 중앙에서 파견된 정2품의 고위관리였다. 1895년 강화유
수가 폐지될 때까지 숱한 유수들이 강화를 거쳤다. 외침의 최전
선이던 강화도에 부임한 유수는 그 책임이 막중했고, 그만큼 할
일도 많았을 것이다. 민심을 살펴야 하고 전쟁 위기 땐 주민들을
동원해 성곽 개보수 등 공사에 나서야 했다. 이런 가운데 특히
백성들의 아픈 마음을 어루만지고, 가뭄 때 구휼하고, 각종 송사
에서 공명정대한 판단을 내려온 관리라면 선정비·영세불망비를
세우는 대상이 됐다. 그러나 이런 전통은 조선 후기로 가면서 많
이 흐려졌다. 선정을 베푼 것과 상관없이 수령이 자신의 권위를
내세워 세우거나, 지역 유지들이 수령의 환심을 사기 위해 만들

강화역사관 앞의 선정비·불망비 무리.

비석 이수 부분엔 용·연꽃·구름무늬 등 다양한 무늬를 새겨넣었다.

어 세우거나, 그저 관행적으로 세워진 경우도 있었다고 한다.

모양도 크기도 가지가지다. 대체로 크기가 크면 클수록, 돌거북이나 용무늬를 새긴 머릿돌 등 장식이 많을수록, 지위가 높았거나 추앙받던 분이었다고 생각할 수 있지만 그런 기준은 따로 없다는 게 전문가의 말이다. 강화도 향토사학자 강창수(77)씨는 "불망비·선정비는 대개 선정을 베푼 수령의 재임기간이 끝날 무렵 주민들이 그를 칭송해 세우는 것"이라며 "여러 비석들을 살펴볼 때 지붕돌이나 거북 받침돌 설치 여부, 그리고 비의 크기 등은 그때그때 형편대로 하는 것이지, 대상자의 지위나 주민들의 추앙 정도에 따라 달라지거나 특별한 기준이 있는 건 아니었다"고 말했다.

## 계도하고 경고하는 내용 적은 금표 특이

하나하나 빗돌을 둘러보면 돌의 재질도, 글씨도, 거북돌 크기도, 거북 얼굴 표정도 제각각이어서 나름대로 재미가 있다. 빗돌마다 빗돌의 주인공 이름과 건립연도를 적은 안내문을 설치해 놓아 둘러보기에 편하다. 도열한 빗돌 무리 중에는 금표·하마비도 있다. 금표는 곳곳에 세워 주민을 계도하고 경고하는 내용을 적은 비석으로, 요즘엔 좀처럼 찾아보기 어렵다. 강화도엔 강화유수부(현 고려궁터) 앞 등 여러 곳에 세웠으나, 지금은 거의 사라졌다고 한다. 금표 빗돌엔 1733년 강화유수부 쪽이 세운 양면비로, 여기에는 자연보호와 생활환경 개선을 위해 주민들을 계도하고 경고하는 흥미로운 내용이 적혀 있다. 한문 내용을 풀이하면 다음과 같다. '가축을 놓아 기르는 자는 곤장 100대, 재나 쓰레기를 함부로 버리는 자는 곤장 80대'. 곤장 100대라면 매우 중한 범죄에 속한다. 개·돼지·소들의 배설물로 인한 주변환경 오염을 막고, 집에서 일상적으로 나오는 쓰레기를 스스로 처리하게 함으로써 거리를 청결하게 유지하려는 의지가 엿보인다.

흔히 '守令以下皆下馬'(수령 이하는 모두 말에서 내려 걸어라)라고 적혀 있는 하마비는 전국에 많이 남아 있다. 하마비도 일종의 경고문을 적은 빗돌이다. 이곳의 하마비는 1783년(정조 7년) 세운 것으로, 갑곶리에 있던 것을 2000년 이곳으로 옮겼다. 삼충사적비는 병자호란 때 청군이 강화도로 쳐들어오자 월곶진(연미정 부근)에서 적과 맞서 싸우다 장렬하게 전사한 강흥업·구원일·황선신 세 충신을 기려 1636년(인조14년) 세운 것이다. 당시 황선신은 강화부중군

수령 이하는 모두 말에서 내리라는 '수령이하개하마비'.

(정2품), 구원일은 강화좌부천총(정3품), 강홍업은 강화우부천총
(정3품)을 맡던 무신이다.


## 신미양요 때 미군함에서 찍은 사진 눈길

이제 강화역사관 건물 안으로 들어가 보자. 전시관은 2개층 네
부분으로 나뉘어 있다. 아래층 두 전시실엔 돌칼·돌도끼·토기
등 석기시대부터 청동기시대에 이르는 선사인들의 생활 유물들과
고려~조선시대의 도자기류와 생활용품, 서적들이 전시돼 있다.
팔만대장경 제작 과정도 재현해 놓았다. 2층으로 오르는 계단 벽
에 신미양요 때 미군함인 콜로라도함에서 찍은 사진이 걸려 있
다. 광성보 전투에서 패해 빼앗긴 조선 사령관의 장수기(수자 기)
를 배에 내걸고 그 앞에 의기양양하게 서 있는 미국 군인들 모습
이다. 2층엔 몽고 침입에서부터 병자호란, 병인양요·신미양요
등 동양·서양 오랑캐들의 강화도 침략사를 전시했다. 철종(강화
도령 이원범)을 모시러 궁에서 온 행차 모습을 그린 강화행렬도와
보물(제11-8호)인 강화동종도 이곳에서 만난다.

강화도의 빗돌들을 더 만나려면 교동도(40기), 화도면 상방리
화도초등학교 앞(9기), 화도면 사기리 선두포 제방(6기) 등으로 가
면 된다. 강화도엔 2010년 말 새로운 박물관이 들어선다. 하점면
부근리 고인돌 유적 옆에 들어설 강화박물관이 공사중에 있다.
강화동종 등 유물들은 새 박물관으로 옮겨져 전시된다.

신미양요 당시 조선군 사령관의 장수기. 미국 해군에 빼앗겨 미 콜로라도 함상에 걸려 있다.

❶ 1733년 세워진 금표. 뒷면에 가축 방치, 쓰레기
　 투기 등 환경오염자에 대한 경고문이 새겨져 있다.
❷ 강화동종에 새겨진 동종의 연혁.
❸ 강화역사관 앞의 69기의 선정비 무리.
❹ 강화도에서 발굴된 토기 도기 자기류.
❺ 유수 이안눌 영불망지비.
❻ 강화역사관에 전시된 보물 강화동종.
❼ 유수 서필원 애민선정비의 거북받침돌.

# 박물관 +

강화도는 문화유산의 보고다. 고인돌과 마니산 참성단 등 고대 유적부터 서구열강의 개방요구에 맞서 싸우던 근대의 문화유산까지 지천에 널려 있다. 여기에 강화인삼 시장과 동막리 갯벌, 섬속의 섬 석모도까지 포함하면 1박 2일은 투자해야 알차다. 수도권에서는 당일치기 여행으로도 안성맞춤이다.



### 가이드 및 체험 프로그램

전문 해설사 상주. 현장에서 신청 가능. 관람 이외의 체험 프로그램은 없다. 대신 강화역사관에서 보았던 역사적 사건의 현장이 지척이다. 강화역사관, 고려궁지, 광성보, 덕진진, 초지진을 다 입장할 수 있는 종합관람권을 구입해 돌아보자. 요금은 어른 2700원, 학생 1700원. ☎ 032-930-3114 http://tour.ganghwa.incheon.kr

### 축제 및 연계 프로그램

매년 가을 하점면 부근리 고인돌공원 일원에서 강화고인돌문화축제가 열린다. 선사시대 토기와 장신구, 고인돌 축조를 재현 체험하는 고인돌아카데미와 해설사를 따라 고인돌과 선사문화를 이해하는 히스토리체험, 강화지역의 전통문화 체험마당 등으로 구성. 강화농산물 장터도 열린다. ☎ 032-930-3114 http://ghgoindol.x-y.net

### 연관 박물관

**인천시립박물관** 인천시 옥련동에 위치했다. 선사시대로부터 8.15 광복 이전까지의 인천과 서해지역의 유적과 유물을 전시하는 역사관, 공예관 등으로 구성. 1871년 신미양요 당시 강화도 광성보 전투에서 미군에 빼앗겼다 2007년 10월 장기대여 형식으로 돌려받은 군기의 일종인 '수자기'가 볼거리. ☎ 032-440-6750 http://museum.incheon.go.kr

### 연계 투어

인천시에서 운영하는 강화투어버스가 있다. 토·일요일(4월~10월) 오전 10시 인천역에서 출발. 선사시대와 고려시대 항몽 등으로 이어지는 역사문화와 전등사, 마니산 등을 체험하는 2가지 코스가 있다. 제 1코스가 강화역사관을 경유. 사전예약 필수. 요금은 어른 1만원, 학생 5000원(관광지 요금별도) ☎ 032-772-4000 http://itour.visitincheon.org

### 가볼만한 여행지

**고려궁지** 강화읍 관청리에 있는 고려시대의 옛 궁궐터. 1232년 몽

골의 침략에 맞서 고려는 왕도를 이곳으로 옮겼다. 그 후 몽골과 화의를 맺고 개성으로 환도할 때까지 39년간 이곳은 대몽항쟁의 중심이 됐다. 궁지에는 유수부의 동헌과 이방청 건물이 남아 있다. 궁지는 강화산성이 감싸고 있다.

**광성보** 염하에 자리한 조선시대의 진지. 강화도에는 해안가 방어시설인 5진7보53돈대가 있다. 이 가운데 광성보가 규모면에서 가장 크다. 이곳은 또 조선말기 신묘양요 때 가장 치열한 전투가 벌어졌던 곳이다. ☎ 032-930-4338

**고려산** 강화읍에서 서쪽으로 10분 거리에 있는 산. 높이가 436m에 불과하지만 정상에서의 조망이 좋다. 낙조봉에서 바라보는 석양은 강화8경에 속한다. 특히, 4월 중순경 진달래가 만개하면 산 정상부가 온통 붉다. 정상까지는 1시간~1시간30분 소요.

## 교통

강화도로 드는 길은 두 갈래. 서울에서는 48번 국도를 따라 강화대교를 건너는 게 첫 길이다. 강화대교 건너서 곧바로 좌회전하면 강화역사관이다. 인천에서는 356번 지방도를 따라 초지대교를 건넌다. 들고나는 길을 달리하면 겹치지 않고 강화도의 볼거리를 섭렵할 수 있다.

## 숙박

강화도는 아름다운 펜션이 많다. 펜션은 바다 조망이 좋은 곳과 내륙의 호젓한 곳으로 나눌 수 있다. 주말에는 예약을 하지 않으면 방 구하기가 쉽지 않다. 시에스타(www.siestapension.co.kr), 달빛샘물(http://moonlight.pensioncenter.co.kr)

## 박물관 옆 맛집

읍내 중앙시장 A동 뒤쪽 길옆에 백반으로 이름난 우리옥(☎ 032-932-2427)이 있다.  평범한 밥상이지만 반찬들이 괜찮다. 최근 도로확장공사로 허름한 옛 건물을 헐고 새로 지은 집에서 영업한다. 콩세알식당(☎ 032-933-5520)은 친환경재배 콩요리 전문점. 다양한 콩요리와 직접 만들어내는 호박고구마묵(**사진**)·순무김치도  맛깔스럽다. 젓국갈비집 신아리랑 (☎ 032-933-2025), 묵밥집 왕자정(032-933-7807)에서도 먹을 만하다.

옛 모습이 고스란한 일제 건물에 **희귀한 사진들**이 즐비하다. **조선의 최후는 통탄스러우며**, 일본인들의 만행은 치가 떨린다. 사진 설명이 구체적이지 않고 간단하거나 모호한 것은 **아쉽다**.

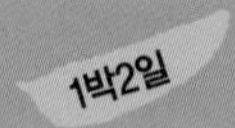

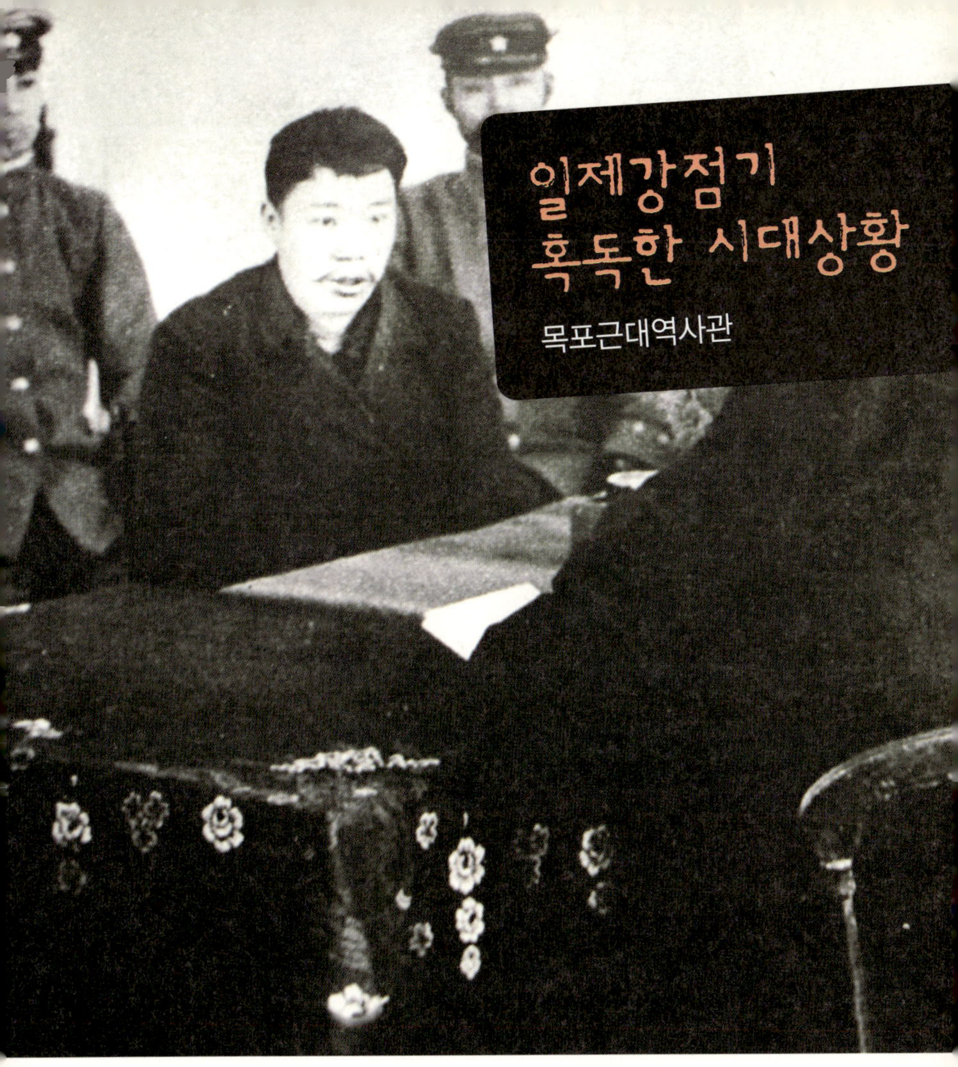

# 일제강점기 혹독한 시대상황

## 목포근대역사관

주소 전남 목포시 중앙동 2가 6번지  홈페이지 없음  전화 061-270-8728  관람시간 오전 9시~오후 6시(1월1일, 매주 월요일은 휴관)  관람료 무료  전시물 일제 침략 만행 사진, 조선왕조 마지막 모습 사진, 일제강점기 목포 거리·사진·풍경 사진들  체험행사 별도로 없음.

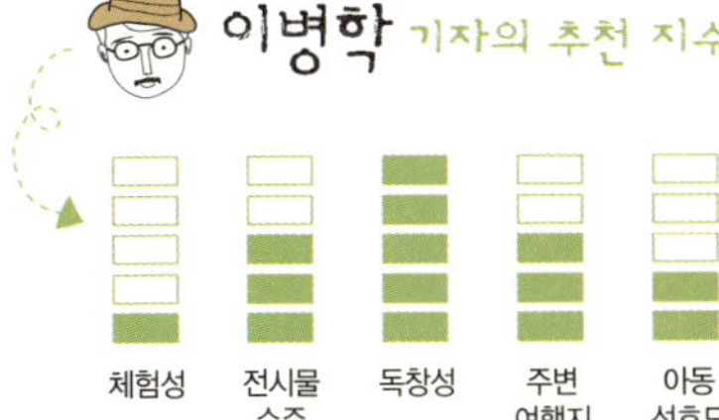

∷ 박물관엔 실물만 전시되는 게 아니다. 모조품도 있고 인형도 있고 그림·도표도 있고 사진도 있다. 옛 모습을 담은 사진 몇 장이 관람객들에게 커다란 감동을 안겨주기도 한다. 2010년은 한일강제합병 100년, 안중근 의사 서거 100년이 되는 해다. 일제강점기의 혹독한 시대상황을 사진으로 만나보는 것도 좋겠다. 일제강점기 일본인들의 활보 흔적이 구석구석 남아 있는 전남 목포, 중앙로의 한 대리석 건물로 간다.


## 피 빨아먹던 동척, 9곳 중
## 부산·목포 2곳 남아 '역사교육 장'으로


동척(東拓). 동양척식주식회사(東洋拓殖株式會社)에 대해 잠깐 공부해 보자. 일본이 우리나라의 토지와 농산물 등 경제수탈을 위해 세운 국책회사이자 착취기관이다. 척식(拓殖)이란 '식민지 개척'을 말한다. 일본의 동양척식주식회사, 영국의 동인도회사는 모두 남의 나라 토지와 자본을 수탈하고 경영하고 장악하기 위해 만든 식민회사다. 일본은 1908년 서울(경성)에 동척 본점을 세우고, 부산·목포·이리·대전·대구·원산·평양·사리원 등 전국 주요 농업지역과 교통 요충지에 지점을 설치했다.

1917년엔 본점을 도쿄로 옮기고 중국과 내몽고, 동남아 각국에도 지점을 두어 착취 범위를 넓혔다. 토지와 농산물 수탈, 소작료 착취의 전초기지였다. 1926년 나석주(1892~1926) 의사가

일제강점기 동양척식주식회사 목포지점으로 사용됐던 목포근대역사관 건물.

조선식산은행과 동척 본점을 폭파시키기 위해 폭탄을 투척한 데는 이런 배경이 깔려 있다. 폭탄 불발로 나 의사는 왜경과 교전을 벌이다 "2000만 민중아, 쉬지 말고 분투하라"고 외치며 자결한다. 당시 동척 본점 자리인, 을지로 2가 현 외환은행 본점 화단에 '나석주 의사 의거 기념터' 표석과 동상이 세워져 있다.

전국 아홉 곳의 동척 본·지점 중 부산과 목포 지점 건물이 당시 모습 그대로 남아 있다. 일재 잔재이니 헐어내야 한다는 주장과, 수탈의 상징물을 그대로 보전해 역사교육의 장으로 활용해야 한다는 주장이 맞서오다 최근 시·도기념물(문화재)로 지정되면서 두 곳 모두 근대역사관으로 쓰이고 있다. 옛 동양척식주식회사 목포 지점 건물은, 영산포에 있던 동척 지점이 목포로 옮겨오면서 1920년께 건축한 르네상스식 2층 건물이다. 건물 외벽과 내벽 곳곳에 일본을 상징하는 해·벚꽃 따위 무늬들이 새겨진 단단한 대리석 건물이다. 광복 뒤 3~4년간 해군부대가 주둔했고, 그 뒤 1989년까지는 해군 헌병대가 사용했다. 10년간 빈 건물로 방치되다 1999년 철거작업이 시작되자 시민들이 보존운동을 펼친 끝에 같은 해 문화재로 지정됐다.


## 1흑3백 노리고 집단 이주…
## 조선인들은 유달산 기슭으로 밀려나


옛 모습이 거의 고스란히 남은 이 일제강점기 건물 안에, 희귀한 옛 사진들이 즐비하게 걸려 있어 눈을 부릅뜨게 만든다. 목포 거리의 옛 풍경은 애처롭고, 조선왕조의 마지막 모습은 통탄스러우며, 일본인들이 저지른 인간 말종의 참혹한 행태들은 차마 눈 뜨고 바라보기 어렵다. 1층에 목포 옛 모습 사진 73점, 2층에 조선왕조 최후 모습과 일제 침략사 관련 사진 83점이 있다. 1층 별실엔 일제 만행 사진 9점이 따로 전시돼 있다.

건물로 들어서면 왼쪽에 관리사무실 문이 보이고 한계단 올라서서 오른쪽으로 이어진 통로를 따라 벽면에 걸린 사진들을 둘러보게 된다. 사진들에 대한 제목과 간단한 설명이 붙어 있으나 대개 상세하지 않은 경우가 많다. 사무실 문을 두드려 해설을 신

갑자옥모자점 쪽에서 복만동 쪽으로 바라본 옛 상점거리.

청하면 사진들에 대한 설명을 들을 수 있다. 1층엔 '사진으로 본 목포의 옛 모습' 사진들이 전시돼 있다. 1897년 목포 개항에서부터 일제강점기에 이르기까지의 목포항 전경과 유달산 주변의 주택가 모습, 일인들이 활보하는 거리 모습 사진들이다.

일본은 동양척식회사를 세운 뒤 우리 백성들의 토지를 수탈해, 일본에서 이주시킨 일본인들에게 나눠주고 농사짓게 했다. 목포에 척식회사 지점을 둔 것은, 쌀·면화, 소금·김 등 농산물·해산물이 풍부한 지역인데다 물자운송에 요긴한 요충 항구였기 때문이다. 전시관 해설사 김문심(52)씨가 말했다.

"목포엔 1흑3백이 안 있습니까. 1흑은 김이죠 잉. 3백은 쌀과 면화, 소금이고요. 그래서 무역업도 발달했죠 잉. 요것을 노리고 일본의 가난한 농부들 1000여 명을 목포로 이주시킨 것입니다.”

이주해 온 일인들에게는 농토와 함께 의식주는 물론, 당시 유흥거리였던 ‘나카마치 시장’에서 향응을 제공했다고 한다. 김씨는 “그러나 척식회사가 토지 소유권을 인정하지 않고, 곡식을 거둬가기만 하자 이주해온 일본인들 사이에서도 불만이 팽배했었다”고 설명했다.

유달산도 삼학도도 송도도 숲이 우거진 아름다운 모습이다. 유달산 주변 사진을 보면, 당시 대로를 따라 큼직큼직하게 지어진 일본인 주택가 모습이 뚜렷한데, 도심에서 밀려난 조선인들의 집은 유달산 기슭 산동네에 다닥다닥 붙어 있다. 산비탈 초가집 주변에도, 온금동 째보선창 주변에도 목화밭이 펼쳐진 모습

일제 강점기 목포 주택가. 앞쪽이 일본인 거리다. 뒤쪽 산기슭으로 조선인들 산동네가 보인다.

　여행, 박물관 빼놓고는 상상하지 마라

으로 보아 면화 재배가 대규모로 이뤄졌음을 알 수 있다. 일본은 목포에 면화주식회사를 세우고 재배한 면화를 가공해 쌀 등 다른 농수산물과 함께 제 나라로 가져갔다. "쌀의 경우 목포에서 생산된 전체의 70%를 일본으로 실어갔다"고 한다. 지금은 사라진 십팔은행·조선식상은행·조선은행 등 금융기관 지점들과 백화점·극장 건물 사진에서 금융·무역업으로 번성했던 목포의 일면을 만날 수 있다.

"조선은행 건물은 지하실이 엄청 넓어 육이오 때 유명 인사들의 피난처로 사용됐습니다. 온갖 귀중품들과 돈을 싸들고 모여들었다고 해요."

이 조선은행 목포지점 건물은 10년 전 헐렸는데, 벽돌 등 건물 자재들을 서울의 한 인사가 1억원에 사서 운반해갔다고 한다.

## 조선과 대한제국 종말이 슬라이드처럼 차례 차례

유달산 사진에선 일등바위 밑에 일인들이 자신들의 신앙을 위해 새긴 부동명왕상과 홍법대사상이 뚜렷하다. 일본인들은 유달산 주변에 88개의 불상을 설치하고 순례하며 절을 올렸다고 한다. 1920년대 목포상업회의소에서 발행한 '목포항 추세' 도표를 통해 당시 무역수지·선박출입추세, 미곡과 면화 이출추세도 볼 수 있다. 당시 목포역 열차시간표와 일본어로 된 노래 '목포항 선전가'도 붙어 있다.

1층에서 눈길을 끄는 곳이 계단 옆의 대형 금고다. 육중한 철문이 달린 방인데, 광복 뒤엔 해군 헌병대의 유치장으로도 사용됐다고 한다. 이곳엔 '조선육지면발상지' 빗돌과 목화 채취 모습, 조면공장 작업 모습 등 사진들을 전시했다. 빗돌은 목포 고하도에서 1904년 육지면을 처음 재배하기 시작한 것을 기념해 세운 것이다. 조면공장 노동자들은 모두 조선인들이었는데, 13살 난 어린이들도 공장에서 일을 했다고 한다. 김 해설사가 말했다.

"이 사진들을 둘러보던 할머니 한 분이 갑자기 눈물을 흘리며 우시는 거에요. 왜 그러시냐고 물으니, '내가 소학교 3학년 때부터 저 공장에서 일했다'고 하시더군요. 공장 모습, 분위기, 일하는 과정이 고스란히 담겨 있다는 거에요."

할머니께선 "저 기계 속으로, 같이 일하던 동료 손이 딸려 들어갔는데도 기계를 멈추지 않고 그냥 돌렸다"면서 울먹였다고 김 해설사는 전했다.

게다짝 끄는 소리가 들려올 듯한 우중충한 나무계단을 올라 2층 전시실로 간다. 슬픈 조선과 대한제국의 종말이 기다린다. 대가 끊긴 대한제국 가계도를 지나면 흥선대원군이 기다리고, 덕수궁에 유폐된 고종 황제가 기다리고, 일본 군복을 입은 순종 황제가 기다린다. 승하(일제의 독살 추정)하기 전날 인정전으로 나서는 고종 황제, 고종 인산일에 상복을 입고 허탈감에 빠진 순종 황제, 땅에 엎드려 통곡하는 흰옷 입은 백성들이 다가온다. 일본 태자를 맞이하기 위해 대한문을 나서는 순종 황제도, 방문한 일본 태자 행렬에 방해가 되지 않도록 전차 선로를 반대편으로 옮

❶ 일본 태자(좌)와 이토 히로부미(우) 사이에 앉은 어린 영친왕.
❷ 1897년 고종 황제 즉위식때 대안문(대한문은 본디 대안문이었다) 앞의 축하행렬.
❸ 승하하기 전날 집무를 위해 덕수궁 근정전으로 드는 고종황제.

긴 가운데 또렷이 서 있는 숭례문도, 백두산에 올라 천지 앞에서 일본 시조신에게 기도하는 일본인들도, 일본 태자와 이토 히로부미 사이에 앉은 마지막 왕족 영친왕도, 어린 왕세자(이구) 손을 잡고 걷는 이방자 여사도 차례로 지나간다.



도시락 폭탄을 던진 뒤 체포돼 피투성이가 되어 왜경에 끌려가는 윤봉길 의사, 대한독립 만세를 외치는 한복 차림의 여성들, 만세를 외치는 군중 앞에 말을 탄 왜경이 나타난 다음 일제의 잔혹한 고문, 처형, 생체실험, 강제로 끌려간 군대위안부들 모습이 이어진다. 관동대지진 때 일본인들에 의해 학살된, 재일 조선인들의 산더미처럼 쌓인 주검들과 밧줄에 묶인 채 총살되는 항일 의병·독립군들의 모습 앞에서 관람객들은 충격과 고통과 안타까움의 신음을 내며 물러날 뿐이다. 사진들은 동남아 각국으로 확대된 일제 침략 야욕이 담긴 장면들을 지나 일본왕의 항복, 미군 앞에서의 항복문서 조인, 광복의 기쁨 가득 담은 태극기 행렬로 2층의 흑백사진 행렬은 마무리된다.

이 전시관의 1층 별실에는 다시 보기 싫을 만큼 참혹한 사진 아홉 점이 따로 전시돼 있다. 김 해설사는 "일본군이 각국에서 저지른 만행 사진인데, 너무 잔인해 따로 모았다"면서 "특별히

상하이 홍구공원에서 열린 일본왕 생일 축하행사장에 폭탄을 던지고 체포돼 끌려가는 윤봉길 의사.

관람을 원하는 분들께만 보여준다”고 말했다. 사진들은 어린 위안부 살육 장면, 위안부 겁탈 장면, 포로 처형 장면, 칼로 목을 치는 순간 등을 담은 사진들이다. 잘린 목을 들고 웃는 일본 군인, 목을 치는 장면을 둘러서서 구경하는 일본 군인들도 보인다.

목포근대역사관엔 일본인 관광객들도 많이 찾아온다. 한달이면 50~60명이 들른다고 한다. 과거 이곳에 살던 일본인들이나 그 후손, 옛 거리 모습에 관심을 가진 사람들이 대부분이다. 이들은 옛 일본인들의 생활 흔적이 남은 거리를 둘러보며 감동에 젖는다고 한다.

“그러나 대부분의 일본인들은 한국 강제합병이나 일본인들이 저지른 만행 등에 대해선 외면하고, 말도 안하고 대답도 안합니다. 모를 수도 있지만, 대개 관심이 없어하거나 없는 척하지요.”

## 일인 관람객, 만행 사진 처음엔 항의하다 수긍하기도

김 해설사는 “근대역사관에 오는 일본인들은 대부분 사진을 보러 오는 것이 아니라, 옛 일본인 거리와 동양척식회사 건물을 보러 오는 이들”이라며 “2층의 만행 사진을 보곤 충격에 빠진 표정을 짓지만 이내 외면하고 돌아서는 이들이 많다”고 말했다.

그러나 모든 일본인들이 다 그런 건 아니다. 김 해설사는 “옛 목포 일본인 거리 사진들을 보고 감동스러워하는 한 50대 일본인 남자를 1층 별실로 안내해 일본군의 만행 사진을 보여준적이 있습니다. 그는 그 사진들 일부만 본 채 돌아나와 왜 이 사진을 보여주느냐며 항의를 했어요. 그래서 사무실로 안내해 차를 대접하며 차근차근 이야기를 했지요. '과거 일본 군인들이 저지른 일이다. 이곳은 일본에 침략 받은 한국의 근대 사진들을 전시한 역사전시관이다. 그래서 그 사진들도 보여줬다'고 했더니, 어느 정도 수긍하더라고요."

그 일본인은 얼마 뒤 편지를 보내왔다. 당시 너무 놀랐던 상황을 이야기하면서, 빨리 한국어를 배워 교류하며 더 알고 싶다는 내용이었다. 김씨는 "오는 3월 그 일본인이 친구들과 다시 이곳을 방문할 계획이라는 연락을 받았다"며 "다시 만나면 반가이 맞아주고 친절하게 목포 거리를 안내해줄 생각"이라고 말했다.

목포근대역사관은 전시된 사진외에도 다수의 일제강점기 전후 사진들을 소장하고 있다. 목포시는 목포근대역사관과 가까운 곳에 있는 옛 일본영사관을 수리해 2010년 안에 제1근대역사관으로 꾸미고, 척식회사 건물은 제2근대역사관으로 꾸며 개관할 계획이다. 사진에 대한 설명이 구체적이지 않고 지나치게 간단하거나 모호하게 붙인 것은 아쉬운 점이다. 어느 시기, 어떤 모습을 촬영한 것인지 명시하지 않은 사진들이 많다. 미확인 상태라더라도 가능한 한 상세한 설명을 달아주고, 영·일·중국어 번역문 정도는 기본으로 곁들여야 하지 않을까.

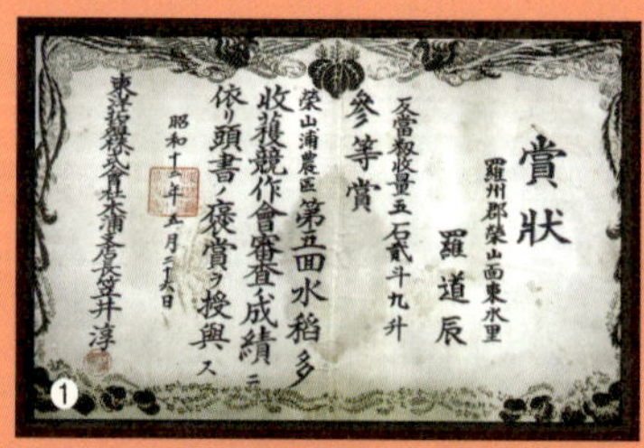

賞狀
羅州郡榮山面東水里
羅道辰
反當殼收量五石貳斗九升
參等賞
榮山浦農區第五面水稻多
收穫競作會審查成績ニ
依り頭書ノ褒賞ヲ授與ス
昭和十六年五月二十八日
東洋拓殖株式會社木浦支店長笠井淳

❶ 1층에 전시된 동양척식주식회사 목포지점장이
수여한 쌀 다수확경작 3등 상장.

❷ 고종 인산일에 상복을 입고 허탈해하는 순종황제.

❸ 공개 '불허가' 도장이 찍힌 사진. 처형을 기다리는
포로병 모습이다(1936년).

❹ 종로의 만세 함성.

❺ 소달구지.

❻ 목포역 열차시각표(1930년대).

❼ 1919년 3월1일 종로의 만세 함성. 말 탄 일본
헌병이 말을 급히 돌리는 모습이라고 한다.

❽ 조선식산은행 앞을 지나는 주민들.

❾ 옛 동양척식주식회사 건물 안의 금고.

# 박물관 ✚

목포는 한반도 남서쪽의 끝이다. 서울에서는 최소 1박2일은 잡아야 한다. 목포에는 유달산과 국립해양유물전시관 등의 볼거리가 많다. 또 배를 타고 들어가는 사랑의 섬, 외달도는 짧은 시간을 이용해 섬의 낭만을 느낄 수 있다. 야간에는 평화광장의 야경이 운치 있다.

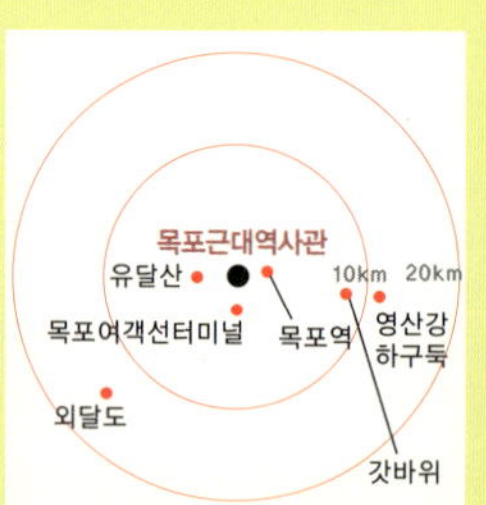


### 가이드 및 체험 프로그램

문화해설사에게 사진설명을 요청하면 좋다. 사진 속에 담겨진 배경 설명이 풍요롭다. 목포시청 문화관광기획과(061-270-8181)에 사전 예약. 박물관 내 자체 체험 프로그램은 없다. 대신 사진 속 풍경을 찾아 박물관 밖으로 나서보자. 지척인 유달산 아래 구목포역 부근은 살아있는 역사체험장이 된다.

### 축제 및 연계 프로그램

한국의 근대는 깊은 슬픔의 시간이다. 울 권리마저 빼앗겼던 시절. 목포 출신 이난영이 1935년에 발표한 노래 한 곡이 민족의 가슴을 적셨다. 목포의 눈물이다. 매년 10월이면 이난영을 기리는 '난영가요제'가 유달산 아래서 열린다. 전국 노래자랑 분위기지만 박물관의 잔상이 목포의 눈물에 실려 여운을 남긴다.

### 연관 박물관

**부산근대역사관** 목포와 함께 수탈의 창구역을 감내해야 했던 부산과 군산에 근대유적이 남아 있다. 부산근대역사관 건물은 1929년 지어져 동양척식주식회사 부산지점으로, 해방 후인 1949년부터는 미국문화원으로 사용되어 근현대사를 몸소 겪어야 했다. ☎ 051-253-3845-6 http://modern.busan.go.kr

### 연계 투어

목포시가 추천하는 걷기·버스투어 역사문화체험 코스가 있다. 100년 전으로의 시간여행이 테마다. 옛 일본영사관, 동양척식주식회사, 호남유일의 일본식정원인 이훈동 정원 등으로 구성. 목포시에서 운영하는 시티투어를 이용하면 좋다. 매일 오전 9시 1회 운영. 해설사가 동승해 가이드를 해준다. 요금은 어른 3000원, 어린이 1000원. 사전예약 필수. 초원여행사(☎ 061-245-3088)

### 가볼만한 여행지

**유달산** 목포를 상징하는 산이다. 높이는 해발 228m에 불과하지만 다양한 유적과 볼거리가 있다. 특히, 정상에 서면 근대 개항지로 영욕의 세월을 보낸 목포항 전경과 섬들이 첩첩이 겹친 신안 앞바다가 장관이다. '목포의 눈물'을 부른 이난영 노래비와 오포대, 조각공원, 정자, 노적봉 등 볼거리가 많다.

**외달도** 목포에서 40분이면 닿을 수 있는 작은 섬. '사랑의 섬'이라는 애칭이 있는 이곳은 호젓한 바위와 산책 코스가 있다. 사랑의 열쇠를 매달 수 있는 사랑의 등대는 연인에게 인기다. 갯벌체험과 낚시, 해수풀장 등 다양한 체험거리도 있다. 한적한 바닷가의 한옥민박에 머무는 것도 근사한 일이다.

**평화광장** 변화하는 목포의 오늘을 알 수 있는 곳. 목포 신시가지와 호텔 등의 숙박시설이 몰려 있는 복합적인 문화광장이다. 바다와 나란히 조성된 1.2km의 광장은 음악에 맞춰 물줄기가 춤을 추는 해상분수쇼와 갈대처럼 흔들리며 아름다운 빛을 내쏘는 갈대조명, 무지개다리 등이 있다.

## 교통

서해안고속도로를 이용한다. 서해안고속도로 종점에서 목포역까지는 30분 거리다. 목포만 돌아볼 여정이라면 대중교통을 이용해도 좋다. 서울~목포는 KTX를 이용한다. 3시간 30분 소요. 목포역에서 근대역사관과 유달산은 걸어 다녀도 충분하다. 목포연안여객선터미널~외달도는 철부선이 1일 11회 운영된다. 신진해운(☎ 061-244-0522)

## 숙박

목포의 깨끗한 모텔은 평화광장에 몰려 있다. 샹그리아비치관광호텔(☎ 061-285-0100), 로미오모텔(☎ 061-284-5673). 목포연안여객선터미널에서 40분 거리의 외달도에 있는 한옥민박(☎ 061-262-5979)은 바닷가에 지은 기와집 펜션으로 인기가 높다.

## 박물관 옆 맛집

목포는 신안 앞바다에서 나는 싱싱한 해산물이 모이는 곳. 전라도의 찰진 손맛도 더불어 느낄 수 있다. 웬만한 포장마차에서도 서울의 이름난 식당에서 나오는 것보다 더 맛좋은 홍어를 맛볼 수 있는 게 목포다. 세발낙지나 낙지다짐, 낙지구이 등 다양한 낙지 요리(**사진**)도 별미다. 삼합은 금메달횟집(☎ 061-878-8098)이 정평 났다. 호산회관(☎ 061-278-0050)은 세발낙지 요리로 유명한 목포의 3대 음식점이다.

편지 써 본 지 오래 됐다. 편지 받아본 지도 까마득하다. 왜 이렇게 됐을까. 한자 한자 두근거리는 마음을 꾹꾹 눌러 담았던 편지. 그 마음을 찾아 편지와 우표의 집으로 간다.

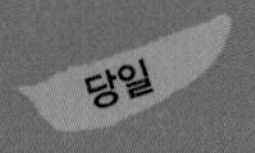

# 편지 써 부치는 법

## 우정박물관

**주소** 충남 천안시 동남구 양지말길 18(지식경제공무원교육원 안)  **홈페이지** www.postmuseum.go.kr  **전화** 041-560-5900  **관람시간** 오전 9시~오후 6시(일요일과 국경일, 설 연휴와 추석 연휴는 휴관)  **관람료** 무료  **전시물** 역사 관련 자료, 시대별, 국가별 우표 및 우편용품, 국내외 희귀 우표들  **체험행사** 편지 써서 부치기, 세계의 집배원 옷 입어보기, 최초 우표·우정총국 탁본 등. 무료.

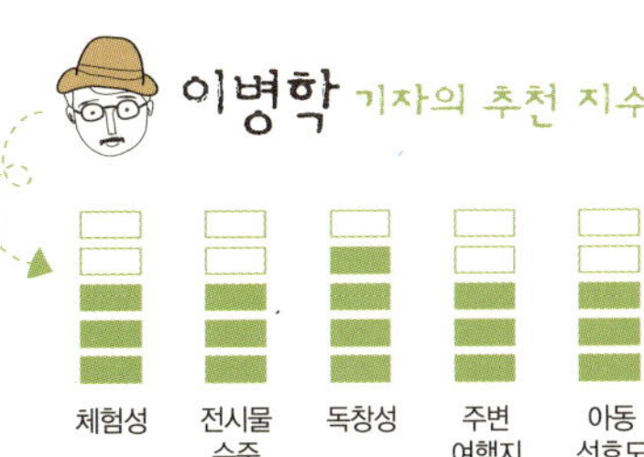

∷ 편지를 쓴다. 부모에게 친구에게 사랑하는 이에게. 연필로, 볼펜으로, 만년필로, 붓으로. 정성들여 마음을 담아 애정을 담아 눈물을 담아 곱게 접어 편지봉투에 넣는다. 밥풀로 딱풀로 테이프로 키스로 봉투를 봉한다. 그리고 우표를 붙인다. 매끄럽고 끈적이는 우표 뒷면에 풀칠 해서 침칠 해서 정성껏 붙인다. 붙이고 한 번 더 누른다. 우편번호부를 이리저리 뒤져 번호를 적어 넣은 다음 우체통 입에 넣는다. 툭. 편지 떨어지는 소리. 내 편지가 다른 편지에 부딪치는 소리.

## 사라져가는 편지와 우표를 만나는 길

편지 써 본 지 오래 됐다. 편지 받아본 지도 까마득하다. 왜 이 모양이 됐을까. 오랜 기다림도 두근거림도 없는, 원하지 않는 쓰레기 같은 이메일만 잔뜩 쌓이는 나날들이다. 앞으론 편지 써서 붙이고 받으려면 박물관으로 가야 할지도 모른다. 거기서 편지를 써서 붙일 수 있는 체험을 진행하기 때문이다. 손으로 써서 부치는 편지가, 전자우편·인터넷·휴대폰에 밀려 사라져가고 있다. 사라져가는 편지와 우표 이야기를 만나러 우정박물관으로 간다.

천안 지식경제공무원교육원 안에 자리를 잡은 우정박물관은 급변하는 인류 통신수단의 과거와 오늘을 되새겨보게 하는 장소다. 개인의 소식과 각 분야의 정보들을 주고받아온 전통적인 통

고종때(1884년) 발행된 우리나라 최초의 우표들.

신방법인, 우편에 관한 모든 것을 살펴볼 수 있다. 홍영식이 1881년과 1883년 각각 일본의 역체국·미국의 우체국을 시찰한 뒤 우편제도 도입의 필요성을 고종 황제께 진언하면서 시작된 우리나라 우편제도의 발자취를 만나게 된다. 박물관에는 조선말부터 최근까지의 우편 기록과 사진자료들이 전시돼 있다. 집배원 의복과 우체통의 변천, 우체국 상징물의 변천, 집배원 가방 등 집배용품의 변천, 세계 각국의 우편용품 등도 볼거리다.

# 세계 최초의 우표는 어느 나라에서 만들어졌을까

교육원 정문에서 경비실에 방문 목적과 인적사항을 밝히고 들어가야 한다. 우정박물관은 2개의 전시실과 야외 우편테마공원으로 이뤄져 있다. 제1전시실은 1884년 홍영식에 의해 시작된 우리나라 근대 우정의 시작에서부터 오늘날까지의 우정의 역사를 살펴보는 곳이다. 제2전시실에선 우편·금융 업무와 그 변천사, 우편물이 전달되는 과정, 국내외의 우표들과 우표 수집 이야기, 그리고 각국의 우편용품 등을 만난다. 야외에선 2006년 폐지된 철도우편 운송용 우편열차 1량을 전시했다. 그 안에서 우편열차와 운송수단 변천 등을 알아볼 수 있다.

세계 최초의 우표는 어느 나라에서 만들어졌을까. 1840년 영

1840년 영국에서 발행된 세계 최초의 우표.

국이다. 우편물에 요금을 내는 제도를 도입하며 만든, 빅토리아 여왕의 초상이 담긴 1페니·2펜스짜리 우표다. 우리나라에서는 1884년, 다섯 가지 색상의 5문~100문짜리(문위우표)가 '우초'라는 이름으로 발행됐다. 우표라는 이름을 쓴 것은 이듬해 발행된 '태극우표'부터다.

우표엔 세계 각국의 역사·문화·외교사·인물·동물·식물·행사·기념일 등 거의 모든 것들이 들어 있다. 그래서 우표 수집을 하게 되면 자연스럽게 다양한 지식을 습득할 수 있다. 미국의 32대 대통령 루스벨트는 이렇게 말했다고 한다.

"우표에서 얻은 지식이 학교에서 배운 것보다 많다."

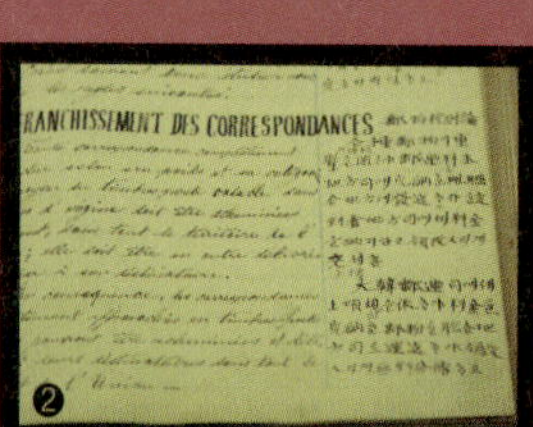

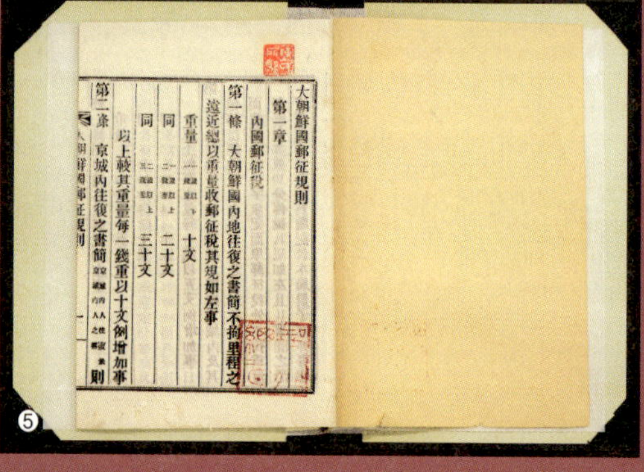

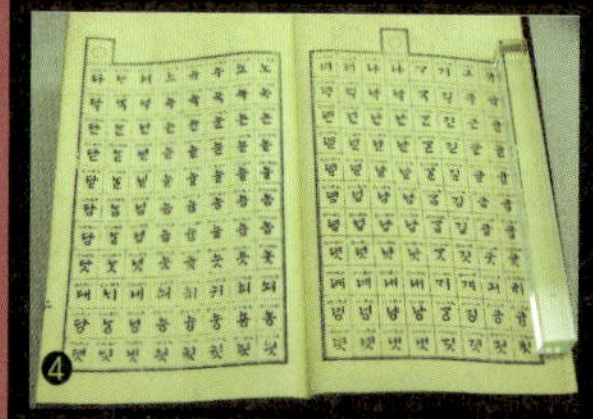

大朝鮮國郵征規則

第一章　內國郵征役

第一條　大朝鮮國內地往復之書簡不拘里程之遠近總以重量收郵征稅其規如左事

| 重量 | | |
|---|---|---|
| 同 | 同 | |
| 十文 | 二十文 | 三十文 |

第二條　京城內往復之書簡均上較其重量每一錢重以十文例增加事

❶ 우리나라 근대 우정사의 주역인 홍영식.
❷ 1900년대 초 우체주사 박기홍의 노트.
❸ 1911년 평양우편국.
❹ 1900년의 전신송부.
❺ 대조선국우정규칙(펼친 이미지).
❻ 1970년 우편번호부.
❼ 대한제국 시대 우체사에서 쓰던 일부인.
❽ 옛 우편배달원들.
❾ 우체부 복장 변천.

# 박물관+

천안은 광역전철이 놓이면서 저렴한 당일여행지로 인기다. 천안역까지 전철을 이용한 뒤 원하는 여행지는 시내버스나 시티투어를 이용한다. 자가운전이면 당일로도 여러 곳의 관광명소를 돌아볼 수 있다. 대표적인 여행지는 독립기념관과 병천 아우내장터, 광덕사 등이다. 독립기념관 주변에 휴러클리조트와 상록리조트 등 테마파크형 리조트가 있다. 아산온천이나 온양온천과 연계하면 1박 여행지로 좋다.

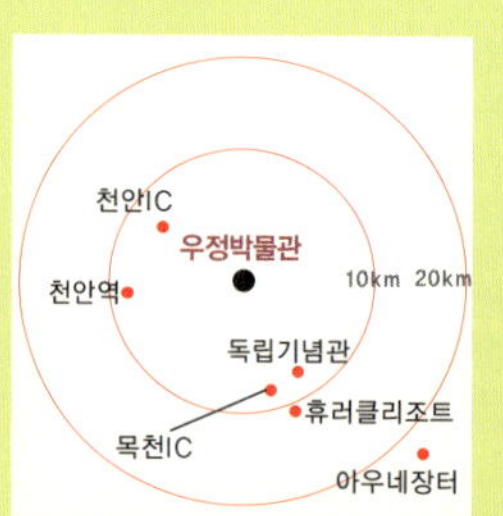


### 가이드 및 체험 프로그램

박물관 직원들이 단체관람객에 한해 안내 서비스를 한다. 주요 전시물에 관한 설명은 터치스크린을 이용해 볼 수 있다. 세계 각국의 집배원 옷 입어보기, 국내 최초의 우표 등을 탁본하는 프로그램이 있다. 현장에서 편지를 쓰고 박물관에서 제공하는 우표를 붙여 직접 소인해 우체통에 부치는 편지쓰기가 인기다.

### 축제 및 연계 프로그램

매년 10월 천안 시내 일원에서 흥타령축제가 열린다. 국내와 국제, 학생, 일반, 민속 등으로 나뉘어 진행되는 춤 경연대회. 세계 춤꾼들이 모이는 춤 전문 축제다. 축제 참가자 모두가 함께 하는 길거리 퍼레이드가 볼거리. 마당극 상설공연과 춤 따라 배우기 등의 부대 행사도 다양하다. 흥타령축제조직위원회(☎ 041-521-5163 http://festival.cheonan.go.kr)

### 연관 박물관

**우표문화누리** 서울 중구 서울중앙우체국 지하에 위치했다. 우표에 얽힌 이야기를 통해 읽는 우정역사마당, 세계 각국의 우표를 볼 수 있는 우표체험마당, 우표수집가 이야기가 있는 우표정보마당, 동영상을 보고 강의를 듣는 우표문화교실 등으로 구성. 사진을 찍어 나만의 우표를 만들어 보는 체험도 있다. ☎ 02-6450-5600 www.kstamp.go.kr

### 연계 투어

천안시가 운영하는 시티투어가 있다. 독립기념관, 유관순열사 사적지, 각원사, 삼거리공원, 천안박물관, 우정박물관, 광덕사 등을 경유한다. 매년 3월~11월(매주 화·목·토·일)에만 운영한다. 예약인원이 10명 미만일 경우 운행 취소. 요금은 어른 4000원, 어린이 2000원. 예약은 천안시청(☎ 041-521-5158 www.cheonan.go.kr/culture)

### 가볼만한 여행지

**독립기념관** 1982년 일본의 역사교과서 왜곡이 계기가 되어 범국민적인 모금운동을 통해 조성했다. 개관은 1987년 8월 15일. 상징물인 '겨레의 탑'을 비롯해 조국의 독립을 위해 헌신한 애국지사들의 삶을 가까이서 느낄 수 있는 전시물이 많다. 독립기념관과 지척인 병천면은 유관순 열사가 만세운동을 펼쳤던 곳.

**유관순열사기념관** 3.1운동 당시 병천 아우내장터에서 만세운동을 주도했던 유관순 열사를 기리는 곳. 기념관에는 유관순열사가 감옥에 갇혔을 때의 수형자기록표와 열사가 읽던 성경책 등 유품이 전시됐다. 또 유관순열사 일대기가 디오라마로 제작돼 전시됐으며, 형무소 체험관도 있다. ☎ 041-564-1223 www.yugwansun.com

**휴러클리조트** 2010년 7월 개장한 테마파크형 리조트. 실내외 다양한 물놀이시설을 겸비한 워터파크를 비롯해 콘도 시설이 있다. 워터파크는 이탈리아 · 스페인 · 핀란드 등 유럽 7개국의 유명 건축물과 유적지를 배경으로 만들었다. ☎ 041-906-7000 www.huracle.com

## 교통
경부고속도로 천안IC를 이용한다. 천안IC에서 우정박물관까지는 10분 거리. 독립기념관과 병천 유관순기념관 등도 20분 거리다. 대중교통을 이용할 수 있다. 천안역까지는 광역전철이 운행된다. 15번, 51번 시내버스가 터미널 · 천안역~우정박물관을 1시간 간격으로 운행된다. 독립기념관으로 가는 버스도 수시로 운행된다.

## 숙박
천안은 수도권에서 당일치기 여행으로 충분하다. 숙박은 독립기념관 주변에 있는 상록리조트(☎ 041-560-9114 www.sangnokresort.co.kr)나 휴러클리조트, 아산의 온천장이 괜찮다.

## 박물관 옆 맛집
병천은 순대의 고장. 병천 아우내장터는 청주와 천안, 진천 등에서 장사치가 몰려오던 이름난 장터다. 그때 먹던 순대국밥(**사진**)이 이곳의 명물이 됐다. 아우내장터에는 순대국밥을 파는 20여 곳의 식당이 성업 중이다. 병천순대는 돼지소창에 선지와 마늘, 양파, 파 등 야채를 다져넣는다. 선지 특유의 향과 야채 맛이 어우러져 별미다. 청화집이 원조(☎ 041-564-1588). 간식으로 호두과자의 원조인 '학화'를 구매하는 것도 잊지 말자.

유아에게도 3000원의 입장료를 받는다. 화날 만도 하지만 소장된 유물을 보고나면 마음이 누그러진다. 한국인의 **생활**과 함께한 **민속품**을 **한자리**에 다 모아 놨다. **만물상**이 따로 없다.

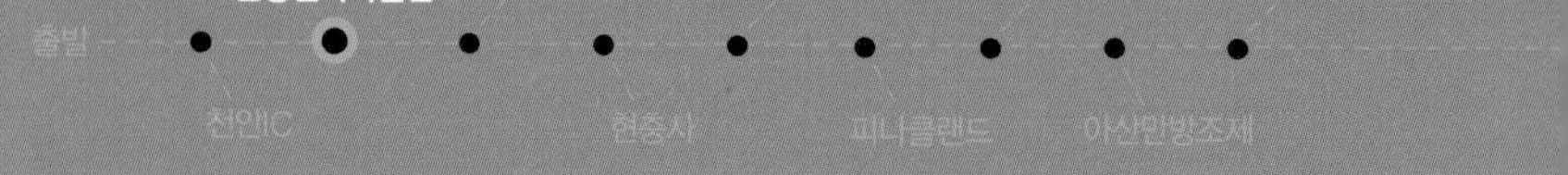

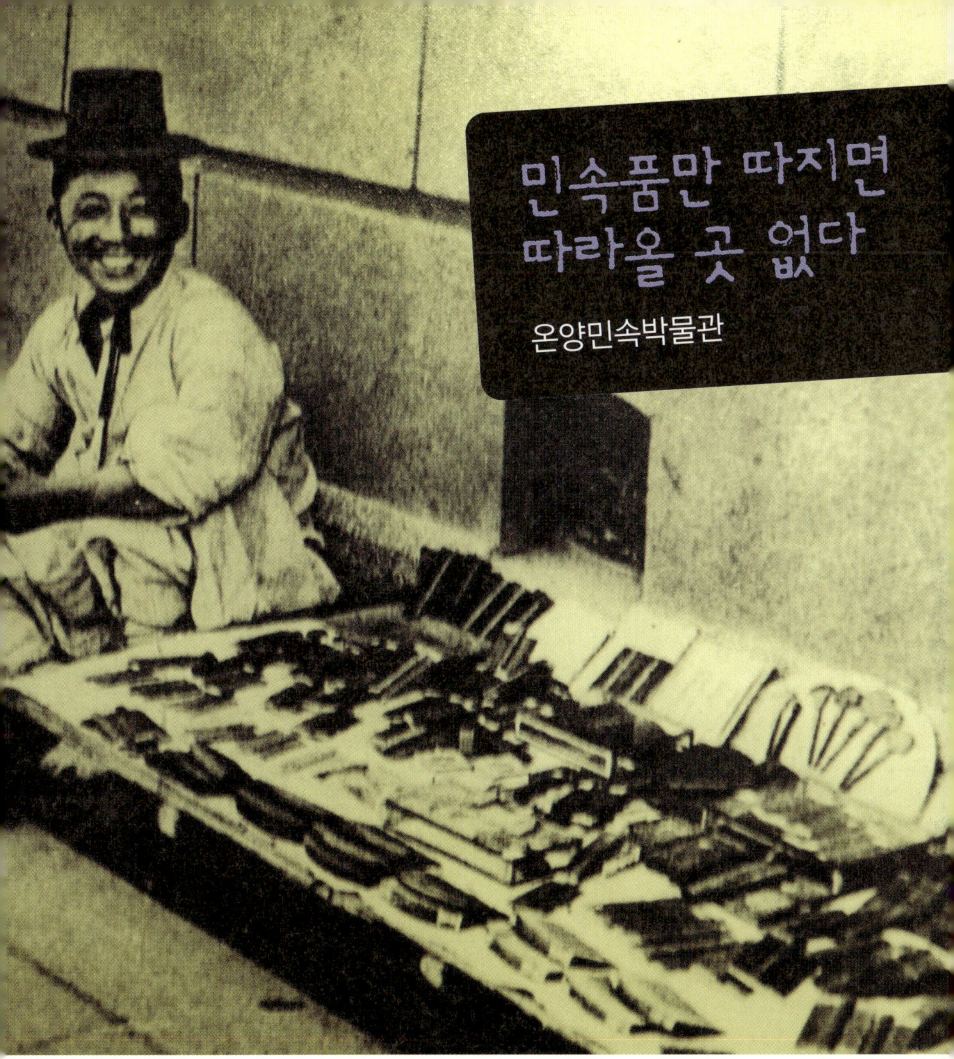

# 민속품만 따지면 따라올 곳 없다

## 온양민속박물관

**주소** 충남 아산시 온양3동 403-1 **홈페이지** www.oym.kr **전화** 041-542-6001 **관람시간** 오전 9시~오후 5시(월요일은 휴관) **관람료** 어른 5000원, 청소년 4000원, 어린이·유아 3000원 **전시물** 선조들의 의식주 관련 물품 실물, 농공상인들의 생활과 용품 및 공예 관련 도구, 제작과정 **체험행사** 매주 토·일 장구·북·징·꽹과리 등 민속악기와 투호·제기차기·딱지치기 체험. 한지로 부채와 인형 만들기(5000원) 등.

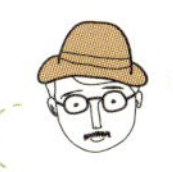

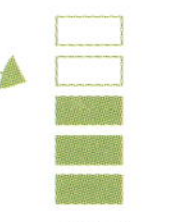

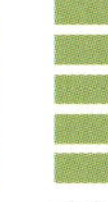

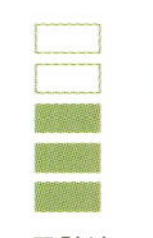

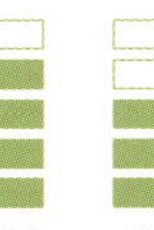

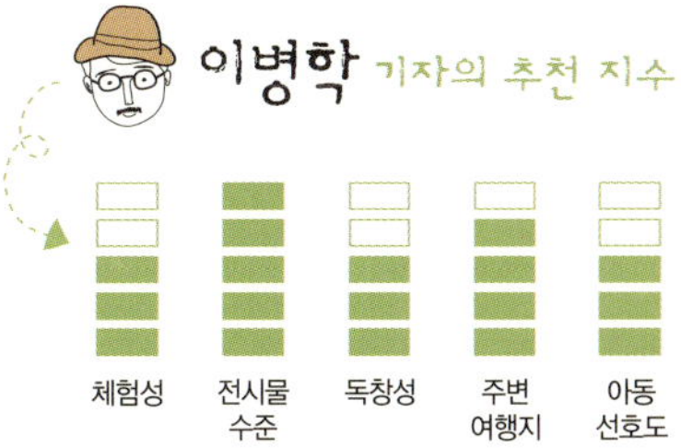

이병학 기자의 추천 지수
체험성
전시물 수준
독창성
주변 여행지
아동 선호도

∷ 아산은 온천의 고장. 아산의 온양온천은 조선시대 임금들이 피부병 등 질병을 앓을 때 자주 찾던 곳이다. 행궁까지 지어 놓고 장기간 머물기도 했던 요양지이자 휴양지였다. 60년대까지도 대표적 신혼여행지로 명성을 유지했으나, 각지에서 온천이 개발되고 신혼여행지 선택 폭이 넓어지면서 온양은 인기가 시들해졌다. 그러나 근래에 다시 다양한 시설을 곁들인 테마온천이 각광을 받으면서 온천 본향의 명성을 유지해가고 있다.


## 온천 경기 사그라지던 1978년에 개관


온천 관광지 명성이 사그라지던 시기에 문을 연 아산(당시 온양)의 명물이 온양민속박물관이었다. 박물관이 지금처럼 활성화돼 있지 않은 시기이던 1978년, 우리 선조들의 삶과 문화와 정신이 고스란히 밴 민속 유물을 수집해 한자리에 모아 문을 연 것이다. 이 박물관 소장품의 방대함은 지금도 여타 민속박물관들이 따라오지 못할 정도다. 소장 유물 2만여점을 분야별로 체계적으로 분류해 전시하고, 각종 석물과 건물을 들인 널찍한 야외 전시장까지 갖춘, 규모 있는 박물관이다.

박물관에 들어가기 전에 이 박물관의 단점 먼저 살펴보자. 사설 박물관임을 감안한다 해도 입장료가 비싸다. 어른 5000원에, 청소년 4000원이다. 어린이와 유아는 3000원. 어른과 청소년, 어린이의 입장료 차이가 이렇게 별 차이 없는 박물관도 드물거니

야외전시장의 돌확과 돌탑.

와 유아에게까지 3000원을 받는 박물관 또한 희귀하다. 장애인 · 어르신 요금도 4000원이었는데, 비난이 일자 2010년 5월에 1000원으로 내렸다. 해설사 2인이 대기한다지만, 정기 해설(오전 10시30분, 오후 2시)에 단체 관람객 해설을 나서면, 박물관을 안내하는 이가 전혀 없다. 장애인에 대한 배려도 부족하다. 계단을 올라야 하는 2층 전시실은 장애인에게 그림의 떡이다. 전시물은 방대하지만, 각 전시물에 대한 설명도 턱없이 부족하다. 주요 전시품에 이름만 붙어 있을 뿐 깊이 있는 설명문을 단 것은 별로 없다. 개인이 설립한 박물관임에도, 동상 하나만 달랑 세워놓았을 뿐 설립 동기나 설립자에 대한 구체적인 설명도 없다.

그런데도, 우리나라 민속에 관심을 가진 이라면 이 박물관을 자주 방문하고 싶을 것이다. 한국인의 일생과 의식주생활에서부터 농공상업 등 생계수단, 갖가지 민속공예 그리고 민속신앙과 각종 제도에 이르기까지 잡다한 민속품들을 만날 수 있는 민속종합박물관이기 때문이다.


부모의 지위와 일에 따라
자녀의 직업과 지위가 결정되던 조선사회


박물관은 1, 2층 3개의 전시실과 야외 전시장으로 이뤄져 있다. 첫번째 전시실은 기자석 · 남근석 · 삼신상 등 아들 낳게 해달라고 기원하는 숭배 대상물들과 아기가 태어난 집에 거는 금

농민의 자녀들.

줄, 돌 상차림 등 한국인이 세상에 태어나는 과정으로 시작된다.
이어 아이가 자라는 과정, 공부하고 어른이 되는 과정, 결혼해
먹고 입고 자고 회갑 진갑 칠순 맞이하며 늙어가다 죽는 생로병
사의 단계와 관혼상제 등 각각의 통과의례들에 관한 민속품과
자료들을 만날 수 있다. 전시물은 의복·생활도구·장난감·상
차림과 문방사우, 농사짓는 쟁기류, 상인들의 용품 등을 세세하

게 분류해 전시했다. 서당에서 글공부하는 양반의 자녀와 지게를 진 농민의 자녀, 엿을 파는 상인의 자녀, 무엇인가를 만들고 있는 장인(수공업인)의 자녀 사진들을 한데 모아 놓은 장면은 인상적이다. 부모의 지위와 일에 따라 자녀의 직업과 지위가 결정되는 조선 사회의 명암을 구한말 흑백사진을 통해 흐릿하게 들여다 볼 수 있다. 윷·팽이·연·골패 등 놀이 도구와, 어린이들이 연 날리고 팽이 치고, 물 긷고 살림 거드는 모습을 찍은 흑백사진들도 흥미롭다. 태어나 돌잔치를 벌이고, 글공부해서 급제하고 벼슬한 뒤 물러나 여유롭게 소일하는 노년의 삶까지, 한 개인(잘 나가던 양반)의 일생을 열두 폭 병풍 그림으로 그린 '평생도'도 있다. 명문가나 고관대작을 지낸 이들 사이에 유행하던 그림이라고 한다. 전시물은 의·식·주생활로 이어지고, 각 생활도 사계절로 나뉘어 전시했다.

## 제작과정 먼저 만난 후 실물을 본다

제2전시실은 생업과 자연환경에 대한 것들이다. 논밭일 하고 길쌈하는 데 쓰던 용품들과 사냥과 채집, 어업 도구, 쇠붙이를 이용해 각종 도구를 만들어내는 대장간 등을 만나게 된다. 물건을 만드는 재료들이나 사용해 온 도구들에서 자연 속에 삶의 터전을 마련하고, 자연을 거스르지 않고 순응하며 살아온 선조들의 지혜가 느껴지는 곳이다.

2층 제3전시실에선 각종 민속공예품과 제작과정 등을 먼저 만난다. 은장도와 은장도 제작도구, 담배통과 담뱃대, 은입사 기법과 제작과정, 방짜 징 만드는 과정 등을 설명하며 실물을 전시하고 있다. 민속공예도 참 다양하다. 쇠뿔로 가구를 장식하는 화각공예와 나전공예, 자수공예, 돌공예 등의 제품과 재현된 제작과정이 흥미롭다. 신앙을 다룬 곳에선 가정신앙부터 민속불교, 무당에 이르기까지 관련 서적들과 갖가지 도구 등을 살펴볼 수 있다. 가정신앙을 다룬 코너에서도 연·팽이·골패·투호 등 갖가지 놀이도구들을 만나게 된다.

계절별 살림살이와 세시 음식 사진들을 감상하고 나면, 유희에서 발전해 민속놀이로 자리를 잡은 양주별산대놀이·송파산대놀이·봉산탈춤 등에 쓰인 탈들이 전시된 공간이 나타난다. 눈에 띄는 곳이 목활자·금속활자의 주조·조판 과정을 보여주는 코너. 각 활자 제조부터 활자를 골라 판에 담는 조판 과정, 인쇄 방법 등을 실제 활자들을 통해 보여준다. 활자를 공부하고 나면, 북·편경·편종 등 민속음악을 다루는 악기들과 상인들이 사용하던 저울·주판·산가지 등을 볼 수 있다. 윤도(나침반)·지도 등 천문지리와 의술에 사용하던 침·약연, 신체도, 침자리·뜸자리 그림 등이 전시된 의술·의서 코너가 이어진다. 여기까지다. 전시된 물건과 자료들이 다양하고 많아, 찬찬히 들여다보면서 배우고, 이해하면서 기록해 가는 것이 좋겠다. 되도록이면 정규 해설시간을 기다려 해설사의 설명을 들으며 둘러보시길.

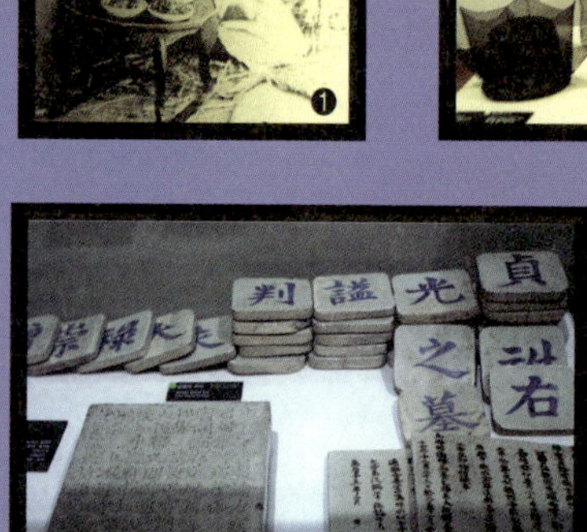

❶ 식사중인 농사꾼. 밥그릇 크기를 보라.
❷ 무덤에 넣었던 여러 가지 지석. 무덤의 주인이
   누구인지 알 수 있게 해준다.
❸ 양반 남자가 주로 신던 태사혜.
❹ 농가의 타작 마당.
❺ 남자들이 쓰던 여러 모자류.
❻ 옛날 자식이 없던 이들이 빌던 남근석 모양의 돌.
❼ 여러 가지 떡살과 다식판.
❽ 상투관. 남자들이 상투에 씌우던 머리치레다.
❾ 바느질할 때 손가락에 끼던 골무.

# 박물관 **+**

아산은 여행의 보고다. 당일 여행으로도 알차고, 1박2일로도 손색없다. 온양온천과 도고온천, 아산온천은 체류하며 건강도 챙길 수 있는 곳. 박물관 가는 길에 충무공의 얼이 서린 현충사와 외암민속마을도 더불어 보면 여행이 알차다. 피나클랜드와 공세리성당, 아산호방조제 등과 연계해도 좋다.



### 가이드 및 체험 프로그램

박물관 해설사가 상주한다. 가족 관람객은 사전 문의 필수. 체험은 매년 새롭게 기획되는 특별 프로그램과 주말 상설 프로그램이 있다. 특별 프로그램은 성인들을 위한 칠보공예 등과 같은 강좌들로 구성된다. 주말이면 박물관 앞 마당에서 굴렁쇠 굴리기 등의 전통 민속놀이 체험마당이 열린다. 요금 무료.

### 축제 및 연계 프로그램

매년 10월 추수가 끝나면 송악면 외암민속마을에서 짚풀문화제가 열린다. 짚풀로 대변되는 농촌의 마을공동체 축제. 이엉 엮기와 초가지붕 얹기 등의 짚풀체험마당과 전통문양, 장승깎기 등을 체험하는 전통문화마당, 민속놀이마당 등으로 구성된다. 이 밖에도 국악공연, 횃불군무 등이 볼거리. 문의는 아산시청(☎041-540-2404 · www.asan.go.kr/culture)

### 연관 박물관

**국립민속박물관** 서울 종로에 위치했다. 매년 200만명 이상이 방문하는 생활문화 박물관. 한민족 생활문화의 역사적 기반이 되는 한민족생활문화사관을 비롯하여, 한국인의 일상, 한국인의 일생 등 3개의 상설전시실과 야외 전시장으로 구성되어 있다. 어린이를 위한 어린이박물관을 별도로 운영한다. 요금은 무료. ☎02-3704-3114 · www.nfm.go.kr

### 연계 투어

아산시가 운영하는 시티투어 코스가 다양하다. 온양온천을 포함하는 온천코스와 박물관이 포함된 역사문화, 종합코스 등 총 6가지. 요일마다 운영 코스가 다르다. 전문해설사가 동승해 안내를 돕는다. 요금은 어른 4000원, 어린이 2000원. 예약은 아산시청(☎1644-2468 · http://citytour.asan.go.kr). 온양온천역에서 당일 발권도 가능하다.

## 가볼만한 여행지

**현충사** 충무공 이순신의 애국정신을 기리기 위해 세운 사당. 경내에는 본전과 충의문, 유물관, 옛 우물터, 활터 등의 사적이 있다. 유물은 충무공이 사용했던 난중일기(국보76호)와 장검 2자루(보물 326호) 등 국보와 보물이 많다. 현충사로 가는 은행나무길은 10월이면 샛노랗게 물들어 드라이브 명소가 된다. ☎041-539-4600 www.hcs.go.kr

**외암민속마을** 500년 전부터 형성된 민속마을. 반가와 고택, 초가, 5.3km에 이르는 돌담, 정원 등 이 잘 보존되어 있다. 가옥은 주인의 관직명이나 출신지명을 따서 참판댁·병사댁·감찰댁·종손 댁·영암댁·신창댁 등의 택호를 사용한다. 민속놀이와 농촌생활 등 다양한 체험을 할 수 있다. 전 통가옥에서 숙박도 가능하다. ☎041-544-8290 www.oeammaul.co.kr

**피나클랜드** 예술과 식물원을 결합한 독특한 테마파크다. 주제별로 나누어진 정원과 산책로, 동물원, 잔디광장, 호수, 레스토랑 등이 있다. 특히, 산정 부근 에 설치된 '태양의 인사'는 일본의 세계적인 조형예술가 스스무 신구의 작품. ☎041-534-2580 www.pinnacleland.net

## 교통

경부와 서해안 모두 이용할 수 있다. 경부는 천안IC로 나와 1번 국도와 21번 국도를 이용하면 아 산시에 닿는다. 온양민속박물관과 온양온천은 시내, 외암민속마을과 현충사, 아산온천은 시내에서 15분 거리다. 돌아올 때 서해안고속도로를 이용하면 피나클랜드와 아산호방조제도 즐길 수 있다.

## 숙박

온천욕을 하며 피로를 풀고 싶다면 아산온천이나 도고온천을 찾는 게 좋다. 온양온천에는 온양관 광호텔(☎041-545-2147)과 팔래스호텔(☎041-5478-2500), 도고온천에는 파라다이스도고 (☎041-537-7100)가 있다. 전통가옥에서 특별한 하룻밤을 보내려면 외암민속마을로 간다.

## 박물관 옆 맛집

외암마을 인근에 있는 '산과 들 묵집'(☎041-541-7762)은 도토 리묵이 유명하다. 사골육수에 말아먹는 묵밥(6000원)과 묵야채 비빔밥(7000원)이 있다. 세계꽃식물원(☎ 041-544-0746 www.asangarden.com)은 식물원 관람과 함께 꽃비빔밥 (6000원·**사진**)을 먹어볼 수 있는 곳이다.

# 여행, 박물관 빼놓고는 상상하지 마라

한겨레신문 이병학 기자가 콕 찍은 박물관 여행 22

2010년 8월 10일 초판 1쇄 펴냄

지은이 | 이병학
발행인 | 김산환
편집인 | 윤소영
편　집 | 이상재 조동호
디자인 | 여현미

펴낸곳 | 꿈의지도
주소 | 경기도 김포시 풍무동 759 유현마을 213-1004
전화 | 070-7535-9416
팩스 | 0505-991-9416
홈페이지 | www.dreammap.co.kr
출판등록 | 2009년 10월 12일 제82호

ISBN 978-89-963850-3-5-13980